Ahmed Zouari

Système Domotique

Ahmed Zouari

Système Domotique

Conception et réalisation d'un système de contrôle domotique avec RaspberryPi

Éditions universitaires européennes

Impressum / Mentions légales
Bibliografische Information der Deutschen Nationalbibliothek: Die Deutsche Nationalbibliothek verzeichnet diese Publikation in der Deutschen Nationalbibliografie; detaillierte bibliografische Daten sind im Internet über http://dnb.d-nb.de abrufbar.
Alle in diesem Buch genannten Marken und Produktnamen unterliegen warenzeichen-, marken- oder patentrechtlichem Schutz bzw. sind Warenzeichen oder eingetragene Warenzeichen der jeweiligen Inhaber. Die Wiedergabe von Marken, Produktnamen, Gebrauchsnamen, Handelsnamen, Warenbezeichnungen u.s.w. in diesem Werk berechtigt auch ohne besondere Kennzeichnung nicht zu der Annahme, dass solche Namen im Sinne der Warenzeichen- und Markenschutzgesetzgebung als frei zu betrachten wären und daher von jedermann benutzt werden dürften.

Information bibliographique publiée par la Deutsche Nationalbibliothek: La Deutsche Nationalbibliothek inscrit cette publication à la Deutsche Nationalbibliografie; des données bibliographiques détaillées sont disponibles sur internet à l'adresse http://dnb.d-nb.de.
Toutes marques et noms de produits mentionnés dans ce livre demeurent sous la protection des marques, des marques déposées et des brevets, et sont des marques ou des marques déposées de leurs détenteurs respectifs. L'utilisation des marques, noms de produits, noms communs, noms commerciaux, descriptions de produits, etc, même sans qu'ils soient mentionnés de façon particulière dans ce livre ne signifie en aucune façon que ces noms peuvent être utilisés sans restriction à l'égard de la législation pour la protection des marques et des marques déposées et pourraient donc être utilisés par quiconque.

Coverbild / Photo de couverture: www.ingimage.com

Verlag / Editeur:
Éditions universitaires européennes
ist ein Imprint der / est une marque déposée de
OmniScriptum GmbH & Co. KG
Heinrich-Böcking-Str. 6-8, 66121 Saarbrücken, Deutschland / Allemagne
Email: info@editions-ue.com

Herstellung: siehe letzte Seite /
Impression: voir la dernière page
ISBN: 978-3-8417-4666-5

Copyright / Droit d'auteur © 2015 OmniScriptum GmbH & Co. KG
Alle Rechte vorbehalten. / Tous droits réservés. Saarbrücken 2015

Dédicaces

...A nos chères familles

...A nos chers amis

... A tous ceux qui comptent pour nous

...A tous ceux pour qui nous comptons

Nous dédions ce travail

Ahmed

Remerciements

Avant tout, nos remerciements les plus sincères vont à Dieu qui nous a donné la force et la volonté pour effectuer ce projet.

Au terme de ce travail, nous tenons, ensuite, à remercier Mr **Mohamed JEMAL**, gérant de l'organisme d'accueil pour nous avoir offert l'opportunité de réaliser ce projet de fin d'études et pour la qualité du sujet proposé.

Nous remercions tout particulièrement notre Monsieur **Amine CHALANDI**, ingénieur embarqué dans la société FOCUS, pour l'aide précieux tout au long de la période du stage sans oublier de remercier Monsieur **Abderraouf JELALI**, ingénieur informatique dans l'agence national de l'emploi et du travail indépendant (ANETI), pour ses précieux conseils coté informatique ainsi que Monsieur **Tarek ZOUARI**.

Nous tenons à remercier profondément notre encadrant à l'ESTI Monsieur **Younes LAHBIB** pour l'encadrement qu'il nous a apporté et pour nous avoir écoutés et conseillés ainsi que pour son dévouement profond.

Enfin, nous sommes honorés par la présence des membres du jury et nous exprimons d'avance nos sincères remerciements à tous les membres qui ont bien accepté de juger notre travail rentrant dans le cadre du projet de fin d'études.

Résumé

Le projet de fin d'études réalisé au sein de la société RAI (Relais et Automatisme Industriel) consiste à réaliser un système de contrôle destiné au secteur domotique. Dans ce travail, différentes informations sur le domaine domotique sont présentées ainsi que la méthodologie adoptée pour l'élaboration de ce projet. L'objectif principal de ce projet étant la réalisation d'une application pour la commande de tous équipements électriques à distance via internet pour obtenir ce qu'on appelle la maison intelligente. Cette application est développée grâce à la carte Raspberry Pi et nécessite la création d'un site web dynamique,

Mots clés : Raspberry Pi, site web, HTML, CSS, PHP, Qt.

Abstract

The graduation project that is carried out within the company RAI is to provide a control system for the automation sector. In this work, different information about the automation field are presented as well as the methodology adopted for the development of this project. The main object of this project is the realization of an application that controls remotely all electrical equipment via internet to obtain so called smart home. This application is developed by the Raspberry Pi board and requires the creation of a dynamic website.

Keywords: Raspberry Pi, website, HTML, CSS, PHP, Qt.

Sommaire

Dédicaces i

Remerciements ii

Introduction générale 10

Chapitre I : Présentation de l'organisme d'accueil et du projet 12

I. Introduction 12

II. Présentation de l'entreprise d'accueil 12

    II.1. Présentation générale 12

    II.2. Organisation de l'entreprise 12

    II.3. Service d'achat 13

III. Problématique et présentation générale du projet 13

IV. Présentation du cahier de charge du projet 14

V. Domotique 15

    V.1. Définition 15

    V.2. Usages 16

        V.2.1. Domaine d'économie d'énergie 16

        V.2.2. Domaine de confort et de loisirs 16

        V.2.3. Domaine de la sécurité 16

    V.3. Techniques de la domotique 17

VI. Système embarqué 17

    VI.1. Définition 17

    VI.2. Caractéristiques 18

VII. Les langages et outils utilisés pour la réalisation du projet 18

    VII.1. Les langages 18

    VII.2. Différence entre site web statique et site web dynamique 20

        VII.2.1. Les sites statiques 20

        VII.2.2. Les sites dynamiques 21

    VII.3. Les logiciels 22

        VII.3.1. Présentation des logiciels pour le site web 22

        VII.3.2. Autres logiciels 23

VIII. Conclusion 26

Chapitre II: Analyse et Conception 27

I. Introduction 27
II. Schéma du principe du système de commande domotique proposé 27
   II.1. Présentation 27
   II.2. Application web embarquée 28
   II.3. Carte de commande 28
   II.4. Raspberry Pi 28
III. Présentation de « Raspberry Pi » 29
   III.1. Définition 29
   III.2. Utilité et exemples d'utilisations du Raspberry Pi 29
   III.3. Spécifications techniques du « Raspberry Pi » 30
   III.4. Architecture du « Raspberry Pi » 32
   La figure II.3 montre les spécifications du « Raspberry Pi » (version B). 32
   III.5. Module d'affichage tactile pour « Raspberry Pi » 33
      III.5.1. Présentation 33
      III.5.2. Spécifications 33
   III.6. Avantages de la carte « Raspberry Pi » 34
IV. Modélisation UML 34
   IV.1. Présentation 34
   IV.2. Définition 35
   IV.3. Diagramme cas d'utilisation 35
      IV.3.1. Présentation et intérêt des cas d'utilisation 35
      IV.3.2. Diagramme de cas d'utilisation général d'un utilisateur ordinaire 36
      IV.3.3. Le cas d'utilisation « s'inscrire » 37
      IV.3.4. Le cas d'utilisation « s'authentifier » 37
      IV.3.5. Le cas d'utilisation « commander les relais » 38
   IV.4. Diagramme de classe 39
   IV.5. Diagramme de séquence 40
      IV.5.1. Présentation 40
      IV.5.2. Diagrammes de séquence « Inscription» 41
      IV.5.3. Diagrammes de séquences de « Authentification » 41
      IV.5.4. Diagramme de séquence « commande » 42
V. Conception des cartes de commande 45
   V.1. Conception de la carte relais 45
      V.1.1. Bloc alimentation stabilisée 45

V.1.2. Bloc d'amplification +relais 47

V.1.3. Bloc de variateur de luminosité à base de MOSFET 48

V.2. Carte de commande porte 49

VI. Conclusion 49

Chapitre III: Réalisation et mise en œuvre **50**

I. Introduction 50

II. Présentation de « Raspberry Pi » coté logiciel 50

III. Réalisation de l'ensemble des pages du site web 51

III.1. Architecture générale du site web 51

III.2. Présentation de la page inscription 52

III.3. Présentation de la page connexion 55

III.4. Présentation de la page d'accueil 56

III.5. Présentation de la page commande 57

III.5.1. Mode Tout Ou Rien (TOR) 58

III.5.2. Mode cyclique 59

III.5.3. Mode temporel 61

III.5.3. Mode « Slider » (variateur de lumière) 62

III.5.3. Mode commande de la porte 63

III.6. Présentation de la page état 63

III.7. Présentation de la page contacts 64

III.8. Déploiement du site sur le net (NAT modem port forwarding) 65

IV. Conclusion 66

Chapitre IV: Validation Hardware/Software **67**

I. Introduction 67

II. Présentation de la carte relais 67

II.1. Partie alimentation stabilisée 67

II.1.1. Présentation et simulation 67

II.1.2. Interprétation 68

II.2. Circuit variateur de luminosité 69

II.2.1. Présentation 69

II.2.2. Simulation et interprétation 69

II.3. Circuit de commande moteur de la porte 71

II.3.1. Présentation 71

II.3.2. Simulation et interprétation 72

II.4. Carte complète sur l'environnement EAGLE 72
   II.4.1. Schéma structurel de la carte de commande sous EAGLE (schematic) 72
   II.4.2. Typon (Board) 73
III. Programmation 74
   III.1. Mode TOR 74
   III.2. Mode cyclique 76
   III.3. Mode temporel 77
   III.4. Mode variateur de luminosité 79
   III.5. Mode commande porte 80
IV. Partie « Qt Creator » 81
   IV.1. Les interfaces élaboré sous l'environnement « Qt Creator » 81
   IV.2. Organigramme d'exécution des programmes « Qt Creator » 82
V. Conception d'un prototype d'une maison 83
   V.1. Conception AUTOCAD 83
   V.2. Réalisation du prototype 83
VI. Réalisation du système de contrôle domotique 84
   VI.1. Présentation du système complet 84
   VI.2. Test et validation 85
VII. Conclusion 87
Conclusion générale et perspectives 88
Bibliographies 90
Annexes 91

Liste des figures

Figure I. 1: Transferts avec un site statique [4] 21
Figure I. 2 : Fonctionnement d'un site dynamique [4] 22
Figure I. 3: Wampserver 23
Figure I. 4: Cycle de vie de « Qt Creator » 25

Figure II. 1: Schéma global du système de commande domotique 27
Figure II. 2: « Raspberry Pi » modèle A, modèle B 31
Figure II. 3: Les composants du Raspberry Pi-Modèle B 32
Figure II. 4: Module d'affichage tactile branché à un« Raspberry Pi » [8] 33
Figure II. 5 : Les ports de l'écran tactile [8] 33
Figure II. 6 : Diagramme du cas d'utilisation global 36
Figure II. 7: Diagramme du cas d'utilisation « s'inscrire» 37
Figure II. 8: Diagramme du cas d'utilisation « s'authentifier » 38
Figure II. 9: Diagramme du cas d'utilisation « commander les relais» 39
Figure II. 10: Diagramme de classe 40
Figure II. 11: Diagramme de séquence « inscription » 41
Figure II. 12: Diagramme de séquence « authentification » 42
Figure II. 13: Diagramme de séquence « commande » 44
Figure II. 14: Rôle de l'alimentation stabilisée 45
Figure II. 15: Pont de GRAETZ 46
Figure II. 16: différentes formes d'onde de la tension d'entrée au cours de sa conversion ... 47
Figure II. 17: Brochage de l'ULN2803 48

Figure III. 1: Organigramme d'utilisation de « Raspberry Pi» 51
Figure III. 2 : Organigramme des différents pages du notre site web 51
Figure III. 3: Page d'inscription 52
Figure III. 4: Exemple d'inscription d'un client nommé « Noura » 52
Figure III. 5: Création la base de données «pfe» 53
Figure III. 6: Création table dans une base de données 53
Figure III. 7: Remplissage des champs de la table de la base de données 54
Figure III. 8: Messages de renseignement affichés lors de l'inscription 55
Figure III. 9: Page d'authentification (connexion) 55
Figure III. 10: Messages de renseignement lors de l'authentification 55
Figure III. 11: Page d'accueil (menu principal) d'un client nommé « Noura » 57
Figure III. 12 : Page d'accueil (menu principal) d'un client nommé « Ahmed » 57
Figure III. 13: Première page de commande 58
Figure III. 14: Page de commande du premier relai (mode TOR) 58
Figure III. 15: Page de commande d'un ou de plusieurs relais 59
Figure III. 16: L'interface du mode cyclique 60

Figure III. 17: Mode cyclique avec l'option « info » 60
Figure III. 18: Interface du mode temporel 61
Figure III. 19: Mode « slider » 62
Figure III. 20: Variation du « slider »... 62
Figure III. 21: Page commande porte 63
Figure III. 22: La page état des périphériques 64
Figure III. 23: Page de contacts 65
Figure III. 24: NAT modem port forwarding 66

Figure IV. 1: Circuit alimentation stabilisée sur l'environnement ISIS 67
Figure IV. 2: Courbes de simulation des signaux de l'alimentation stabilisée................................... 68
Figure IV. 3: Circuit variateur de lumière utilisé avec le microcontrôleur « Raspberry Pi »............. 69
Figure IV. 4: Visualisation des signaux de la voie B et A.. 70
Figure IV. 5: Visualisation du signal redressé hachuré 70
Figure IV. 6: Visualisation des signaux de la voie B et C 71
Figure IV. 7: Circuit de commande moteur de la porte.. 72
Figure IV. 8: Schéma structurel de la carte de commande 73
Figure IV. 9: Typon de la carte électronique de commande 73
Figure IV. 10: Organigramme du programme permettant la commande d'un seul relai.................... 75
Figure IV. 11: Organigramme du programme permettant la commande d'un ou plusieurs relais (mode TOR)... 76
Figure IV. 12: Organigramme du mode cyclique... 77
Figure IV. 13: Organigramme du mode temporel 78
Figure IV. 14: Organigramme du programme variateur de lumière (Mode slider)............................ 79
Figure IV. 15: Organigramme du programme commande porte 80
Figure IV. 16: Interface Qt (page 2).. 81
Figure IV. 17: Interface Qt (page 1).. 81
Figure IV. 18: Interface Qt (date).. 82
Figure IV. 19: Organigramme de la programmation avec « Qt Creator »... 82
Figure IV. 20: Plan de la maison avec AUTOCAD 83
Figure IV. 21: Prototype d'une maison 84
Figure IV. 22: Système de contrôle domotique complet 84
Figure IV. 23: Carte relai branché avec le « Raspberry Pi » et l'écran tactile 85
Figure IV. 24: Des exemples de test du mode variateur de lumière... 86
Figure IV. 25 : Des exemples de test de la commande avec l'écran tactile 87

Introduction générale

Dans un monde actif et continuellement évolutif, la motivation d'avoir des moyens performants et efficaces qui contribuent au confort et au bien être de l'individu, devient de plus en plus fondamentale. Cette motivation se réside essentiellement dans le secteur de la domotique qui a considérablement évolué ces dernières années comme conséquence du développement technologique et l'apparition des Smartphones. Elle devient la technologie d'aujourd'hui et de demain puisqu'il permet de rendre nos bâtiments intelligents et modernes. Dans ce contexte, il offre une panoplie d'avantages à notre quotidien à savoir l'excellent niveau de sécurité, le confort, la rentabilité et la flexibilité.

C'est dans ce cadre que s'inscrit notre projet de fin d'études présenté dans ce rapport. L'objectif de ce travail est la réalisation d'un système de contrôle domotique à base du « Raspberry Pi » qui est destiné à tous type de bâtiments et permettant la commande de leurs appareillages électriques via l'internet.
Ce système sera sous forme d'une boite contenant la carte de développement « Raspberry Pi » et d'autres cartes électroniques de commande qui s'unissent entre eux pour assurer la fonction de contrôle à distance à partir d'un site web. Il va contenir encore un écran tactile permet de visualiser des interfaces de commande en mode direct et sans avoir besoin d'internet.

Dans ce rapport, nous présenterons, dans un premier lieu, la carte de développement et la petite merveille « Raspberry Pi » coté matériel et coté logiciel. Dans un second lieu, nous nous intéresserons à concevoir et à réaliser un site web dynamique. Finalement, nous nous mettons l'accent sur la conception et la réalisation d'une carte électronique de commande ainsi que sa réalisation.

Notre rapport est constitué de quatre chapitres, organisés comme suit :
Dans le premier chapitre nous allons commencer par une présentation générale de la société d'accueil, ensuite nous présenterons la problématique et le cahier de charge lié à notre projet. La partie qui vient juste après sera consacrée à une petite bibliographie sur le secteur domotique et sur le système embarqué. Avant de terminer le premier chapitre avec une conclusion, nous dévoilerons le monde informatique dont lequel nous allons naviguer pour

pouvoir construire notre site web. Ainsi nous présenterons les différents langages et logiciels informatiques dont nous avons besoin.

En ce qui concerne le deuxième chapitre, son premier volet consiste en une description globale du fonctionnement de notre système de contrôle domotique. Le second volet s'est focalisé à présenter « Raspberry Pi », la carte de développement à utiliser durant notre projet. Nous allons la définir et présenter ses différents composants et périphériques en citant quelques exemples d'usage. Le troisième volet sera consacré à l'analyse, la conception et la modélisation de notre site web en se basant sur la méthode UML. Nous présenterons les diagrammes universels de cette méthode qui permettent de mettre en œuvre les principales fonctionnalités du système, à savoir les diagrammes des cas d'utilisation, les diagrammes de classes et les diagrammes de séquence. Dans le dernier volet nous nous intéressons à concevoir les cartes électroniques de commande, justifier le choix des composants et valider ses fonctionnalités.

Le troisième chapitre consiste en une réalisation qui présente, d'abord, la configuration de « Raspberry Pi », ensuite l'ensemble des interfaces de site web.

Enfin le dernier chapitre sera consacré à la présentation des cartes électroniques réalisées dans le cadre de ce projet ainsi que d'autres interfaces utiles développés sous l'environnement « Qt Creator ».

Finalement, nous clôturons notre rapport par une conclusion générale qui offre une synthèse du travail réalisé et qui présente les perspectives.

Chapitre I : Présentation de l'organisme d'accueil et du projet

Introduction

Dans ce chapitre nous allons commencer par une succincte présentation de la société d'accueil, ainsi que l'éclaircissement de l'idée de notre projet et la mise en cadre des éléments de bases qui l'entoure. Nous aborderons, ensuite, la problématique et le cahier des charges soulevés dans ce projet. La dernière partie de ce chapitre sera réservée à la présentation des langages informatiques et des logiciels que nous allons utilisés.

I. Présentation de l'entreprise d'accueil

II.1. Présentation générale

La société 'RAI' (Relais et Automatismes Industriels) est créée en 1988 et est installée à la 'SOUKRA'. Elle est spécialisée dans la sous-traitance. Elle est compétente dans la fabrication des produits électriques, électroniques, électromagnétiques et de connectique. Plus précisément dans le bobinage des relais, des selfs et des électro-aimants, câblage électronique, embases, relais instantanés et de fonction électro-aimants, ventouses, câbles et connecteurs.

Cette société possède la certification en ISO9001 V2008 ainsi elle propose aux industriels désireux d'augmenter leur rentabilité, sans sacrifier la qualité, les compétences pointues de son personnel qui capitalise plus de vingt ans d'expérience en assemblage et montage de produits électromécaniques et électroniques et en fabrication de produits de connectiques et de commande.

La société 'RAI' propose à ses clients :
- ➢ La prestation main d'œuvre.
- ➢ La solution totale : industrialisation et achat (du dossier jusqu'à produit fini) [1].

II.2. Organisation de l'entreprise

Les salariés de cette entreprise comptent 65 agents travaillent sur l'ensemble des produits cités dans l'annexe 1 et ils disposent des installations complètes et des machines adaptées dans des locaux ayant une superficie de $1800 m^2$ environ.

II.3. Service d'achat

'RAI' dispose d'un service d'achat et logistique qui est le vis-à-vis des clients. Il est chargé d'étudier les dossiers de ces clients, ainsi, il fournit des devis et des solutions totales respectant les demandes et les exigences de sa clientèle.

II. Problématique et présentation générale du projet

Au cours des dernières années, le secteur de la domotique a évolué considérablement. Aujourd'hui la domotique apporte beaucoup des solutions pour tous types des constructions résidentielles. Elle offre aussi plus des fonctionnalités et variété sur leurs produits et grâce à l'évolution technologique, leur utilisation est plus intuitive et moins compliquée pour leur utilisateur.

Afin de réaliser un système domotique complet il est obligatoire de mettre en place une solution matérielle et logicielle intelligente et flexible d'où une implémentation d'un système embarqué est obligatoire.

Dans notre projet, nous allons concevoir et réaliser un système de contrôle domotique qui permet de commander et contrôler à distance nos équipements électriques. Notre travail sera subdivisé en deux parties. La première partie nommée 'software' qui consiste à développer et créer **un site web** contenant une interface de commande, tandis que la deuxième partie nommée 'hardware' qui consiste à concevoir et réaliser **une carte électronique** responsable à la reception des ordres de commande de l'utilisateur via le site web et leurs applications aux différents appareils électriques existants dans son domicile. Donc l'intelligence qui va gérer notre système est une interface micro-informatique (un serveur). Ainsi les utilisateurs qui veulent profiter des avantages de notre système doivent disposer de différents outils de pilotage tel qu'un ordinateur de poche, un téléphone portable ou un Smartphone.

Parmi les principaux avantages de notre système domotique est l'amélioration du quotidien au sein de la maison (domicile), du point de vue du confort, de la sécurité et de la gestion de l'énergie. Il va permettre de simplifier la vie et d'optimiser le confort de chaque utilisateur dés qu'il décide de l'acheter : Soit de l'ajouter dés le début dans l'installation électrique soit de l'intégrer après.

Enfin, ce système technologique permet aussi de réaliser des économies d'énergie grâce à la gestion automatique de l'éclairage et constitue une aide précieuse pour les personnes dépendantes et handicapées et même pour les municipalités pour pouvoir gérer à distance leurs réseaux d'éclairages publics.

III. Présentation du cahier de charge du projet

Pour concrétiser notre système de contrôle domotique, nous devons suivre le cahier des charges qui est décomposé en 6 tâches :

(1) **Création d'un site web** qui représente la partie software de notre application et qui comprend :

- Une page d'inscription qui permet à chaque utilisateur de s'inscrire afin d'être propriétaire d'un compte propre à lui.
- Une page de connexion permettant aux utilisateurs d'accéder au menu principal de cette application
- Une page d'accueil qui comprend tout les contenus de cette application comme la page de commande, le formulaire de contact, la page donnant l'état des équipements électriques ainsi qu'une présentation générale de notre projet.
- Une page de commande qui représente le noyau de notre application. Cette page doit contenir les trois modes de commande et qui sont :
  - ✕ Mode Tout Ou Rien (TOR) : grâce à ce mode de commande l'utilisateur a la possibilité soit de faire fonctionner les périphériques soit de les cesser à fonctionner (arrêter) avec des simples clics. Par exemple si on veut allumer la lampe d'une chambre il suffit de cliquer sur cette lampe et si on veut l'éteindre il faut cliquer de nouveau sur la même lampe.
  - ✕ Mode temporel : certains utilisateurs ont besoin de faire fonctionner leurs équipements électriques pendant des durées bien déterminées et de les arrêter à n'importe quel moment désiré, donc ce mode répond bien à cette exigence. De cette façon il résout énormément de problème surtout au niveau de l'économie d'énergie et il permet de faciliter la vie quotidienne de ces personnes.
  - ✕ Mode cyclique : ce mode ressemble bien au mode temporel puisqu'il manipule les commandes avec le temps mais cette fois chaque périphérique fonctionne et cesse de façon cyclique.
- Une page d'état des périphériques qui nous renseigne sur l'état de tous les équipements électriques mis en œuvre.
- Un forum ou un formulaire de contact qui donne aux utilisateurs d'être en communication avec l'administrateur en cas de besoin ou d'un problème ou pour proposer d'autres suggestions.

(2) L'étape ' comment faire'

Dans ce qui suit et avant d'entamer la conception du site web, il est nécessaire de fixer l'étape 'comment faire' qui nous permet d'établir des règles dans la conception du site, ainsi l'étape 'comment faire' est une étape importante à laquelle nous devons joindre les besoins et les contraintes :

- Le fonctionnement et le contenu du site doit être simple pour faciliter son usage.
- Certains clients ne possèdent pas des connaissances en informatique, donc le site web doit contenir des explications et des indications aux différentes étapes pour qu'ils atteignent rapidement leurs besoins.
- Le design du site web doit être propre et clair pour des raisons commerciales.

(3) Le développement des interfaces de commande sera fait à l'aide de « Qt creator » afin que l'utilisateur puisse contrôler à distance sa maison via un écran tactile.

(4) La conception et la réalisation d'une carte électronique de commande est nécessaire pour passer les ordres de commande aux différents équipements installés dans les domiciles.

(5) Pour des besoins techniques, nous allons choisir la carte de développement « Raspberry Pi ».

(6) Enfin, pour valider le fonctionnement de notre système de contrôle, **nous allons réaliser avec le logiciel 'AUTOCAD', un plan en deux dimensions (2D) d'un prototype pour une maison.**

IV. Domotique

Vu que notre application appartient au domaine « domotique », il est très utile dans ce qui suit de le présenter.

V.1. Définition

La domotique est le domaine technologique qui s'intéresse à l'automatisation du domicile, d'où l'étymologie du nom qui correspond à la contraction des termes "maison" (en latin "domus") et "automatique". Elle consiste à mettre en place des réseaux reliant différents types d'équipements (électroménager, hifi, équipement domotique, etc.) dans la maison. Ainsi, elle regroupe tout un ensemble de services permettant l'intégration des technologies modernes dans la maison [2].

V.2. Usages

Les domaines d'utilisation de la domotique sont très nombreux. Les domaines d'application de la domotique sont divisés généralement en trois catégories ou services principales et qui sont :
- ✓ Domaine de l'économie d'énergie,
- ✓ Domaine de confort et de loisirs
- ✓ Domaine de la sécurité.

V.2.1. Domaine d'économie d'énergie

L'économie d'énergie présente l'un des services importants. Son principe consiste à minimiser le gaspillage d'énergie en distribution de l'énergie selon les besoins. Citant par exemple le cas de l'éclairage automatique conditionné par l'existence d'une personne et d'autres paramètres.

V.2.2. Domaine de confort et de loisirs

L'évolution de la domotique n'a pas fait abstraction du côté divertissement et confort. En effet, plusieurs applications sont fournit pour faciliter la vie des personnes et rendre la maison un endroit de divertissement automatisé et simple. Nous citons comme exemple d'application très connu la gestion de multimédia tels que le contrôle du théâtre, le poste CD ou le récepteur numérique.

V.2.3. Domaine de la sécurité

La sécurité présente un point très recherché dans ce domaine. Ainsi elle présente un service très critique du coté implémentation et conception. De nombreux systèmes de sécurités sont envisageables tels que :
- Une caméra vidéo à amplification de rayonnement et un code personnel pour contrôler et faciliter les entrées.
- Des détecteurs de présence qui peuvent déclencher une alarme et/ou fermer les portes ou les fenêtres peut être mise en place.
- En cas de tentative d'intrusion, une synthèse vocale et un système de lumières peuvent être déclenchés, un appel téléphonique automatique peut contacter alors le propriétaire et/ou une entreprise de sécurité.

V.3. Techniques de la domotique

La domotique est basée sur la mise en réseau des différents appareils électriques de la maison, contrôlés par une " intelligence " centralisée. L'intelligence qui gère ces commandes est une centrale programmable, des modules embarqués (passerelles domestiques) ou bien une interface micro-informatique (écran tactile, serveur, etc).

Certain outils permettent le contrôle du système domotique que nous le divisons en deux types :

- ✓ Un écran tactile ou une télécommande.
- ✓ Une application mobile ou interface web puisque certaine solution peuvent être relié à distance à une connexion ADSL (Asymmetric Digital Subscriber Line).

Nous ne pouvons pas parler de la technologie domotique sans tenir compte des interfaces de contrôle citant et de mode de transmission. Trois catégories des interfaces de contrôle existent :

- Les interfaces de contrôle à plusieurs boutons telles que la télécommande,
- Les interfaces tactiles,
- La voix recueillie par des microphones (téléphones GSM ouVoIP) associés à des logiciels de reconnaissance vocale et les gestes.

Concernant les modes de transmission différents modes existent :

- Par onde radio hertzienne : Bluetooth, Zigbee, Wireless USB.
- Par infrarouge : RC5 Philips, SIRCS Sony, IrDA, etc.
- Par réseau câblé Ethernet ou BUS : Ethernet, TCP/IP, KNX, SCS USB.

Une implémentation d'une solution domotique doit obligatoirement être accompagnée d'un système embarqué citant à titre d'exemple la carte « Raspberry Pi » qui va être la base de notre application domotique.

V.   Système embarqué

VI.1. Définition

Un système embarqué peut être défini comme un système électronique et informatique autonome, dédié à une application spécifique. Généralement il ne possède pas des entrées/sorties standards comme un clavier ou un écran d'ordinateur. C'est aussi un système numérique qui utilise au moins un processeur qui permet d'exécuter une tache précise dédiée à une application spécifique [2].

VI.2. Caractéristiques

Le système embarqué a ses propres caractéristiques à savoir :

- Le faible encombrement.
- La faible consommation d'énergie.
- Le faible cout : le système ne doit pas être cher tout en tenant compte de la performance.
- La réactivité : Il doit réagir à l'arrivé d'information extérieurs non prévues.
- Le temps réel : Les temps de réponses de ces systèmes sont aussi importants que l'exactitude des résultats.

VI. Les langages et outils utilisés pour la réalisation du projet

VII.1. Les langages

Afin de réaliser notre projet et de répondre aux exigences du cahier des charges, il faut mobiliser des connaissances et de savoir faire dans le monde de l'informatique .Tout d'abord, nous allons présenter les différents langages qui s'unissent dans le but de créer un site web dynamique.

(1) Le HTML (**Hypertext Markup Language**) a fait son apparition dès 1991 lors du lancement du Web. C'est un langage de balisage qui a pour rôle de gérer et organiser le contenu d'une page web. C'est un langage de description de données, et non un langage de programmation. Nous allons utiliser le HTML 5 qui est la dernière version du HTML qui est actuellement toujours en développement. C'est donc en HTML que nous écrivons ce qui doit être affiché sur chaque page du site page.

Au fil du temps, le langage HTML a beaucoup évolué. La version HTML 5 est la dernière. Elle apporte de nombreuses améliorations par rapport aux versions précédentes comme la possibilité d'inclure facilement des vidéos, un meilleur agencement du contenu, de nouvelles fonctionnalités pour les formulaires etc.

(2) Le langage CSS (Cascading Style Sheets, aussi appelées Feuilles de style) est venu en 1996 pour compléter le HTML pour obtenir une page web avec du style. Son rôle est de gérer l'apparence de la page web (agencement, positionnement, décoration, couleurs, taille du texte...). Le navigateur parcourt le document HTML. Lorsqu'il rencontre une balise, il demande à la CSS de quelle manière il doit l'afficher. Donc le CSS a besoin d'une page

HTML pour fonctionner. En d'autres termes le langage HTML permet d'écrire le contenu de nos pages web et de les structurer et le langage CSS s'occupe de la mise en forme et de la mise en page. C'est en CSS que l'on choisit notamment la couleur, la taille des menus et bien d'autres choses encore.

De même nous allons utiliser la dernière version du CSS c'est la version CSS 3, qui apporte des fonctionnalités particulièrement attendues comme les bordures arrondies, les dégradés, les ombres, etc.

(3) Le langage PHP (Perl Hypertext Preprocessor) est un langage de programmation web qui ne s'exécute que s'il y un serveur qui est installé c'est-à-dire que le PHP est interprété côté serveur et non du côté client comme le langage JavaScript. Il permet aux développeurs web de rendre leur site web dynamique qui interagit avec les bases de données. Les scripts PHP sont généralement inclus dans les pages HTML afin d'ajouter des fonctionnalités que HTML ne peut pas les faire par lui-même. Grace à ce langage le contenu des sites web est modifiable à chaque chargement et rafraîchissement de la page web.

Par ailleurs, PHP est un langage polyvalent qu'on peut réaliser avec lui des applications plus complexes citons à titre d'exemple forum, blog, livre d'or, newsletter, compteur de visiteur, chat, système d'actualités, jeux de stratégies et réflexions, ect. Il ne se limite pas à la production de pages HTML. Il est possible de générer à la volée des images graphiques, des fichiers PDF, des animations Flash... [3]. Tous ca sans oublier qu'il peut aussi faire des calculs et conversions et travailler avec (manipuler) les dates et heures.

(4) MySQL est un langage de requête vers les bases de données exploitant le modèle relationnel qui a vu le jour en 1995. Il dérive directement de SQL (Structured Query Language) mais ce dernier reste toujours le plus puissant. MySQL est très employé sur le Web en association avec le langage PHP et un serveur web(Apache). MySQL peut fonctionner sur tous les systèmes d'exploitation notamment Windows, Linux, Mac OS. Il permet d'interroger et de modifier le contenu d'une base de données. Donc le principe de fonctionnement entre un langage de programmation, comme le langage PHP, et une base de données est le suivant :

> ➢ Le langage PHP effectue les actions que nous lui demandons ;

> ➢ Celui-ci va interroger la base de donnée pour mémoriser les informations ;

➤ La base de données effectue le travail ;

➤ Quant la base de données a terminée, elle retourne une information signalant que tout s'est correctement déroulé [3].

Pour être clair une base de données est un système qui se présente sous forme structuré (nom de la base de données, nom des tables, nom des champs pour chaque table). Elle permet d'enregistrer les données venant de différents sources (formulaires, informations diverses…) dans les champs des tables. Les tables sont reliées entre elles par des relations.

(5) Le langage Javascript a été initialement inventé par Brendan Eich en 1995 et développé par Netscape et s'appelait alors LiveScript. Il est inspiré de nombreux langages, notamment de Java mais en simplifiant la syntaxe pour les débutants. C'est un langage de scripts qui incorporé aux balises Html, permet d'améliorer la présentation et l'interactivité des pages Web en les rendant dynamiques.

Pour faire simple, un script est, par opposition à un langage compilé, un langage qui s'interprète. Ici, l'interprète du JavaScript, c'est le navigateur du visiteur (le client). Ces scripts vont être gérés et exécutés par le navigateur (browser) lui-même sans devoir faire appel aux ressources du serveur.

L'intérêt des scripts est sans doute leur manière d'être utilisés : en effet, ils ne sont pas obligatoirement exécutés au chargement de la page. Ils sont lancés lorsqu'un événement spécifique se produit (ouvrir un pop-up, clic sur un lien, sélection d'un élément d'un menu déroulant, validation d'un formulaire notamment). Le langage actuellement est à la version 1.8.5. JavaScript est encore un langage script orienté objets, ce qui signifie que nous pouvons créer des classes et instancier des objets et il propose en standard un certains nombres de classes que nous pouvons les utiliser pour créer nos programmes.

Pour notre application nous allons implémenter des fonctions JavaScripts pour dynamiser les formulaires et de réaliser un traitement correct lors des envois des formulaires.

VII.2. Différence entre site web statique et site web dynamique

VII.2.1. Les sites statiques

Les sites statiques sont réalisés uniquement à l'aide des langages HTML et CSS. Leur contenu ne varie pas en fonction des caractéristiques de la demande du visiteur c'est-à-dire qu'il ne puisse pas être mis à jour automatiquement. Donc il faut que le propriétaire du site (le webmaster) modifie le code source pour y ajouter des nouveautés. Ce n'est pas très pratique quand on doit mettre à jour son site plusieurs fois dans la même journée ! Les sites statiques sont donc bien adaptés pour réaliser des sites « vitrine », pour présenter par exemple son entreprise, mais sans aller plus loin. Ce type de site se fait de plus en plus rare aujourd'hui, car dès que l'on rajoute un élément d'interaction (comme un formulaire de contact), on ne parle plus de site statique mais de site dynamique [4].

Avec un site statique la schématisation du transfert est très simple comme le montre la figure I.1. Lorsque le client demande au serveur à voir une page web, le serveur lui répond en lui envoyant la page réclamée.

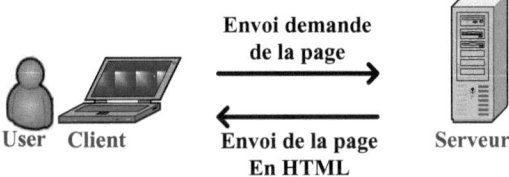

Figure I. 1: Transferts avec un site statique [4]

VII.2.2. Les sites dynamiques

Lorsque le site est dynamique, la page web est générée à chaque fois qu'un client la réclame. Ainsi le contenu d'une même page peut varier d'un instant à l'autre en fonction des caractéristiques de la demande (heure, adresse IP de l'ordinateur du demandeur, formulaire rempli par le demandeur, etc.) qui ne sont connues qu'au moment de sa consultation. C'est précisément ce qui rend les sites dynamiques vivants [4].

Pour rendre les pages Web plus dynamiques les langages HTML et CSS ne suffissent pas, il faut programmer en PHP en le combinant à un système de gestion de base de données, MySQL et ajoutant des fonctions JavaScript.

La figure I.2 est un schéma récapitulant le fonctionnement de la combinaison de ces langages qui vont permettre de rendre le site dynamique.

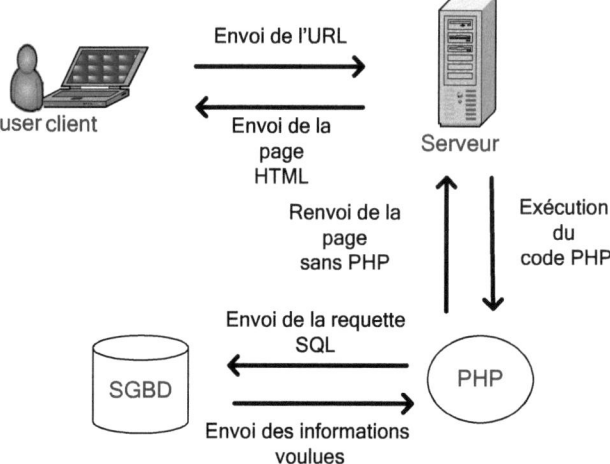

Figure I. 2 : Fonctionnement d'un site dynamique [4]

VII.3. Les logiciels

VII.3.1. Présentation des logiciels pour le site web

Pour réaliser notre application et notamment pour développer un site internet, nous avons utilisé l'éditeur de texte 'Notepad+ +' et une station de travail contenant :

- ✓ La gestion du langage dynamique,
- ✓ Une base de données (MySQL),
- ✓ Un serveur proprement dit (Apache),

Donc au lieu d'installer séparément ces trois applications on peut installer un environnement semi-configuré avec un exécutable qui s'occupera de tout installer à savoir WAMP pour Windows et XAMPP pour Linux.

❖ **Notepad+ +**

De nombreux logiciels existent qui sont dédiés à la création de sites web. Mais nous allons utiliser Notepad++, l'un des plus utilisés parmi ceux disponibles pour Windows. Ce logiciel est simple, en français et gratuit. C'est un éditeur de texte générique codé en C++, qui intègre la coloration syntaxique de code source pour les langages et supporte plusieurs langage comme C, C++, Java, C#, XML,HTML, CSS, Pascal, Perl, Python ,MATLAB, Ruby, Lisp, PHP, JavaScript, Assembleur, Ruby... ainsi que pour tout autre langage informatique, car ce logiciel propose la possibilité de créer ses propres colorations syntaxiques pour un langage quelconque.

Ce logiciel a pour but de fournir un éditeur léger (aussi bien au niveau de la taille du code compilé que des ressources occupées durant l'exécution) et efficace. Il est également une alternative au bloc-notes de Windows (d'où le nom). Le projet est sous licence libre ou propriétaire.

❖ **Wampserver**

Wampserver est une plateforme de développement Web sous Windows pour des applications Web dynamiques. Il est de type WAMP qui est l'abréviation de "Windows Apache MySQL, PHP5 " comme montre la figure I.3. Il est très complet étant donné qu'il permet d'installer et de gérer les différents logiciels que nous avons besoin pour la création du notre site web. Donc il dispose du serveur Apache, il gère des fichiers du langage de scripts PHP et d'une base de données MySQL, il possède également phpMyAdmin qui permet de gérer les bases de données. Ainsi, Wampserver permet de concevoir le site web en local sur notre ordinateur puisqu'il fait tourner un serveur de développement pour des applications en PHP.

En d'autres termes, WampServer n'est pas en soi un logiciel, mais un environnement comprenant deux serveurs (Apache et MySQL), un interpréteur de script (PHP), ainsi que phpMyAdmin pour l'administration Web des bases MySQL.

Figure I. 3: Wampserver

VII.3.2. Autres logiciels

Pour développer des interfaces de commandes en mode direct en utilisant un écran tactile pour notre système domotique nous allons choisir « Qt » parce que sa documentation est très bien faite et facile à utiliser et il permet de mettre à notre disposition un ensemble d'outils pour développer nos programmes plus efficacement. Nous allons présenter ce logiciel dans ce qui suit.

VII.3.2.1. Le logiciel « Qt »

VII.3.2.1.1. Définition

Le logiciel Qt est plus fort qu'une bibliothèque, c'est en fait un framework multiplateforme conçu pour créer des interfaces utilisateur graphiques (programme utilisant des fenêtres), en anglais « Graphical User Interface » (GUI). Il est orienté pour la programmation en C++ mais aujourd'hui il est possible de l'utiliser avec d'autres langages comme Java, Python, etc. Initialement il est développé par la société Trolltech, qui fut par la suite rachetée par Nokia. Le développement de « Qt » a commencé en 1991 et il a été dès le début utilisé par KDE, un des principaux environnements de bureau sous Linux [5].

Le nom « Qt » de ce logiciel est, en fait, inspiré de la folie des programmeurs car Qt signifie « Cute » ce qui signifie « Mignonne », parce que les développeurs trouvaient que la lettre Q était jolie dans leur éditeur de texte.

VI.3.2.1.2. Fonctionnalités des différents modules de Qt

La fonction centrale de Qt est fondamentalement la création des fenêtres. Mais cet énorme logiciel ne se limite pas à cela et il constituée d'un ensemble de bibliothèques, appelées 'modules' qu'on peut y trouver entre autres ces fonctionnalités :

- **Module GUI** : c'est la partie création de fenêtres.

- **Module OpenGL** : Qt peut ouvrir une fenêtre contenant de la 3D gérée par OpenGL.

- **Module de dessin** : Qt nous permet de dessiner dans nos fenêtres (en 2D).

- **Module réseau** : Qt fournit une batterie d'outils pour accéder au réseau, que ce soit pour créer un logiciel de Chat, un client FTP, un client Bittorent, un lecteur de flux RSS...

- **Module SVG** : Qt permet de créer des images et animations vectorielles, à la manière de Flash.

- **Module de script** : Qt prend en charge le Javascript (ou ECMAScript), pouvant être réutilisés dans nos applications pour ajouter des fonctionnalités, par exemple sous forme de plugins.

- **Module XML** : pour ceux qui connaissent le XML, c'est un moyen très pratique d'échanger des données à partir de fichiers structurés à l'aide de balises, comme le XHTML.

- **Module SQL** :Qt permet d'accéder aux bases de données (MySQL, Oracle, PostgreSQL…)[5].

VI.3.2.1.3. Le logiciel « Qt Creator »

« Qt Creator » est un environnement de développement intégré, en anglais integrated development environment (IDE), qui nous fournit des outils pour concevoir et développer des applications avec le cadre de l'application Qt comme le montre la figure I.4. Qt est conçu pour développer des applications et des interfaces utilisateur une fois et de les déployer sur plusieurs ordinateurs de bureau et systèmes d'exploitation mobiles. Qt Creator nous fournit des outils pour la réalisation de nos tâches tout au long du cycle de vie de développement d'applications, de créer un projet de déploiement de l'application sur les plates-formes cibles.

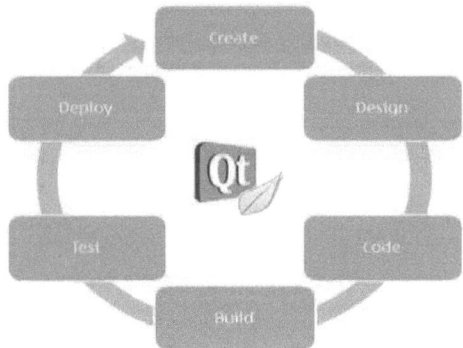

Figure I. 4: Cycle de vie de « Qt Creator »

« Qt Creator » est par ailleurs un outil très propre et très bien fait. En effet, c'est un programme tout-en-un qui comprend entre autres :

- un IDE pour développer en C++, optimisé pour compiler des projets utilisant Qt (pas de configuration fastidieuse) ;

- un éditeur de fenêtres, qui permet de dessiner facilement le contenu des interfaces à la souris ;

- une documentation indispensable pour tout savoir sur Qt.

VII. Conclusion

Ce premier chapitre a été réservé, au début, à présenter notre entreprise d'accueil. Nous avons ensuite présenté l'idée du projet et la problématique ainsi que le cahier des charges pour bien expliquer le travail demandé dans ce projet. Finalement, les dernières parties sont dédiés à présenter le domaine de domotique et bien évidemment la notion de système embarqué qui est une partie essentielle du système à développer.

Le chapitre suivant sera consacré à la présentation du projet, son principe, l'analyse et la conception.

Chapitre II: Analyse et Conception

Introduction

Dans ce chapitre, nous allons commencer par une description globale du notre système de contrôle domotique puis nous allons naviguer dans la découverte de la carte de développement « Raspberry Pi ». Ensuite nous allons passer à l'étude conceptuelle de notre application.

I. Schéma du principe du système de commande domotique proposé

II.1. Présentation

Le schéma de la figure II.1 illustre l'architecture générale du notre système de contrôle domotique

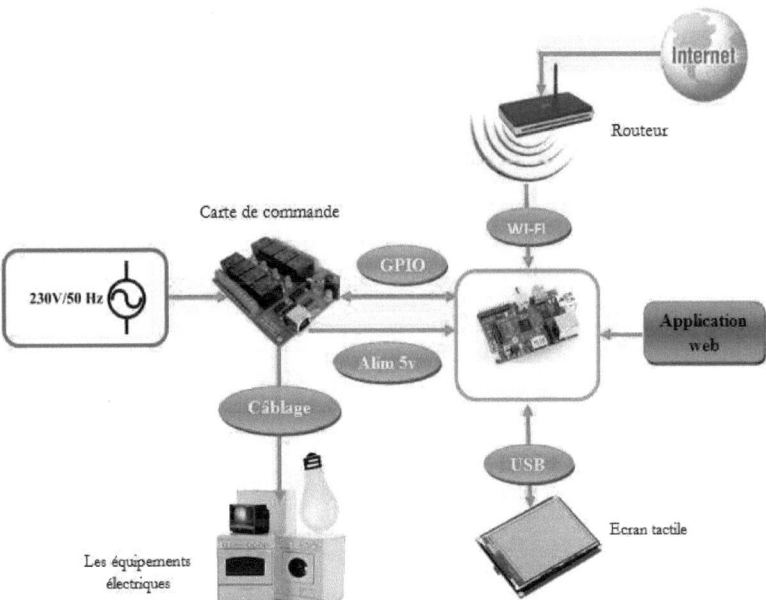

Figure II. 1: Schéma global du système de commande domotique

Le système de contrôle domotique se compose notamment par trois blocs et qui sont comme suit :

II.2. Application web embarquée

Cette application web est représentée sous forme d'un petit site web constitué par des pages HTML, alliés à des feuilles de style CSS et des programmes en JavaScript et en PHP. Ce site assure l'interface entre l'utilisateur et le système. En effet, le site web commence par une page d'inscription puis par une page de connexion et enfin par une interface de commande. Il comporte aussi une autre interface qui nous renseigne sur l'état des terminaux ainsi qu'une page de contact permettant de transférer les messages des utilisateurs en cas de problème. Cette application est conçue à l'aide d'une technologie avancée pour cela elle est compatible avec presque tous les supports existants à savoir ordinateur, Smartphone, écran tactile.

II.3. Carte de commande

Notre objectif est la commande des différents terminaux (lampes, télévision, réfrigérateur, ventilateur...) via une interface web que nous l'avons expliquée ci-dessus. Ces terminaux sont alimentés en courant de 220V tandis que la carte « le Raspberry Pi » peut fournir au maximum en courant de 5V, donc il parait évident qu'il nous faut un « médiateur » entre eux afin que le « raspberry Pi » puisse contrôler ces équipements électriques.

Le médiateur annoncé ci-dessus s'appelle une « carte relais », c'est tout simplement une carte qui va servir d'interrupteur électronique pour éteindre et allumer les équipements électriques. Cet interrupteur sera commandé par le « Raspberry » Pi à travers les GPIO (entrées/sorties du Raspberry Pi). Puisque la carte relais joue le rôle d'un interrupteur électronique, donc elle a besoin d'être alimentée en courant de 220V mais elle a besoin d'une excitation électrique de 5V. La carte relais alimente à son tour le « Raspberry Pi » et elle le fournit du 5V provenant du réseau électrique (220V) après son régulation.

II.4. Raspberry Pi

Le Raspberry Pi est la carte de développement que nous choisissons pour des raisons de performances et de souplesse. Elle constitue le cerveau du notre système qui permet de commander à travers ses GPIO la carte relais dans le but de contrôler à distance un élément électrique qui peut se situer dans la maison de l'utilisateur. En effet, nous allons installer apache (un serveur HTTP permettant de publier du contenu Html sur le web), PHP (langage serveur permettant le traitement dynamique d'informations) et MySQL (une base de données), puis nous enregistrons les pages de l'application web que nous développons avec « Notepad++ » dans sa carte mémoire.

Enfin, tout part du PC, le client se connecte depuis son PC au site web que nous avons créé sur le « raspberry Pi ». Ceci envoie un signal au « Raspberry Pi» pour mettre le ou les ports GPIO (initialement mis à zéro) à 1. La carte relais est branchée de manière à ouvrir les éléments électrique quand l'état du GPIO correspondant est à zéro (donc l'appareil est éteint) et à le fermer quand l'état est à 1 (donc l'appareil s'allume).

D'autre coté un écran tactile doit être branché au « Rasperry Pi » à l'aide d'un câble USB permettant de visualiser les interfaces de commande en cas d'absence d'internet.

II. Présentation de « Raspberry Pi »

III.1. Définition

Le « Raspberry Pi » est un mini-ordinateur de taille de carte de crédit, à moindre coût et à faible consommation électrique, crée par l'anglais David Brahen en 2006 ; qui se branche sur un téléviseur ou un écran d'ordinateur et nécessite pour se fonctionner une carte SD munie d'un système d'exploitation (OS) basé sur un noyaux Linux (dont une version Debian), un clavier standard et une souris, une alimentation…Ce petit appareil est capable de faire tout ce que nous attendons d'un ordinateur de bureau à faire et il a enregistré un grand succès dans différents domaines : jeux vidéos, lire des vidéo hautes définitions, serveur web, serveur multimédia, robotique, etc.

Les fondateurs du « Raspberry Pi » voulaient proposer un ordinateur pas cher et performant pour faciliter l'apprentissage de l'informatique au plus grand nombre et plus particulièrement aux jeunes [6] et de les encourager à l'apprentissage de la programmation avec une variété de langage comme python, scratch, Sdk et l'éclipse , etc.

III.2. Utilité et exemples d'utilisations du Raspberry Pi

Le « Raspberry Pi » fait actuellement l'objet de toutes les attentions des programmeurs et électroniciens. En effet, chacun dans son domaine invente son propre usage de cette carte mère et surtout les développeurs qui ont créé une panoplie de projets autour du « Raspberry Pi.

L'intention de la fondation du Raspberry Pi est de stimuler l'éducation des sciences informatiques fondamentales dans les écoles mais, comme nous voyons, son succès est plus large que prévu et dépasse son but éducatif cela s'explique par sa grande puissance et ses nombreuses entrée/sortie (GPIO) qui ouvrent d'immenses champs d'explorations aux passionnés. Parmi les applications de cette performante carte nous citons:

- Une machine à café contrôlée par la voix
- une station météo
- construction des robots
- un média-center : lecture de vidéo, musique et images
- un PC de bureau pour le traitement de texte, l'utilisation de tableur, la consultation d'e-mails...
- Un ordinateur de bord pour ballon stratosphérique
- Un système contrôle d'irrigation
- Téléphone mobile, supercalculateurs, surveillance à distance

Bref, la façon d'utiliser cette carte n'est pas limitée et il existe de nombreux projets, tous plus fous les uns que les autres, qui se basent sur le « Raspberry Pi ». De notre coté, nous mentionnons déjà dans le premier chapitre que nous exploitons cette carte comme un serveur web dans un but domotique pour commander nos équipements électriques à distance.

III.3. Spécifications techniques du « Raspberry Pi »

Physiquement, il s'agit d'une carte mère seule avec un processeur ARM, de petite taille (environ la taille d'une carte de crédit). Il existe actuellement deux modèles représentés sur la figure II.2 : le modèle A (février 2012) et le modèle B (octobre 2012) [7].

(A)　　　　　　　　　(B)

Figure II. 2: « Raspberry Pi » modèle A, modèle B

Nous allons citer dans le tableau II.1 les caractéristiques techniques existant de « Raspberry Pi » sous les modèles « A » et « B ».

Tableau II.1 : Comparaison entre « Raspberry Pi » modèle A et modèle B

Version du Raspberry Pi	Modèle A	Modèle B
Système sur Puce SOC	Broadcom BCM2835 (CPU,GPU, SDRAM)	Broadcom BCM2835 (CPU,GPU, SDRAM)
Processeur CPU	700 MHz Low Power ARM1176JZF-S core	700 MHz Low Power ARM1176JZF-S core
processeur graphique GPU	Dual Core 250 MHz with Shared Memory	Dual Core 250 MHz with Shared Memory
mémoire vive SDRAM	**256 MB**	**512 MB**
Port USB 2.0	**1seul port USB**	**double ports USB**
Système d'exploitation	Linux	Linux
Port Ethernet	✗	**1port RJ45(10/100 Ethernet)**
Sortie audio	3.5mm jack et HDMI	3.5mm jack et HDMI
Sortie video	1compositeRCA, 1HDMI	1compositeRCA, 1HDMI
Périphériques bas niveau	8GPIO, SPI,busI2C,busI2S,UART	GPIO, SPI,I2C,I2S,UART
Puissance nécessaire	5 volt (**400** mA) = 2.4 watt	5 volt (**700** mA) = 3.5 watt
Dimensions	8.6cm x 5.4cm x 1.5cm	8.6cm x 5.4cm x 1.7cm
Prix	25$	35$

Vu que le modèle « B » est plus performant que le modèle « A », nous allons choisir le modèle « B » pour réaliser notre projet.

III.4. Architecture du « Raspberry Pi »

La figure II.3 montre les spécifications du « Raspberry Pi » (version B).

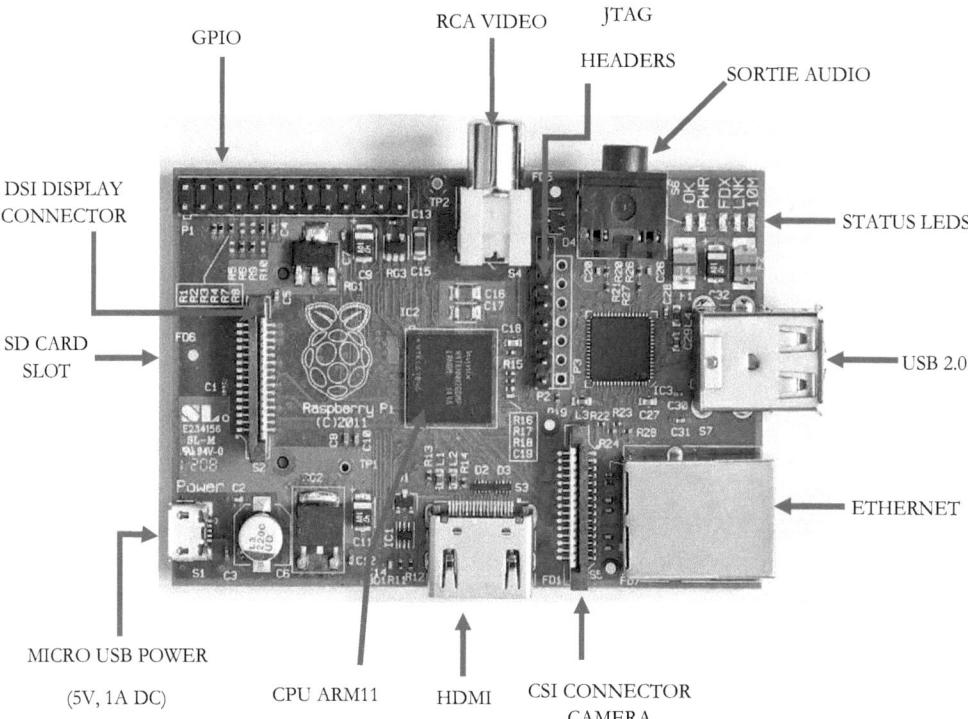

Figure II. 3: Les composants du Raspberry Pi-Modèle B

Pour plus d'information sur la carte de développement « Raspberry Pi » et sur ses composants et ses périphériques voir Annexe 2.

III.5. Module d'affichage tactile pour « Raspberry Pi »

III.5.1. Présentation

Un écran tactile est conçu spécifiquement pour Mini PC de taille d'une carte crédit comme « Raspberry Pi », et nécessite seulement un câble USB pour le faire fonctionner sans alimentation supplémentaire comme le montre la figure II.4.

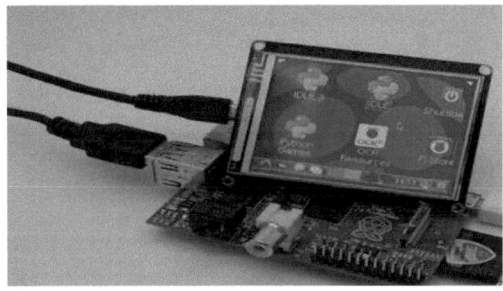

Figure II. 4: Module d'affichage tactile branché à un« Raspberry Pi » [8]

Nous allons utiliser un écran tactile dans notre projet pour afficher les interfaces graphiques développées à l'aide du logiciel « Qt creator ».

Un écran tactile dispose de deux ports : un port micro-USB pour recevoir l'alimentation électrique (encadré en rouge dans la figure II.5) et deux autres ports pour la sauvegarde (encadré en jaune dans la figure II.5).

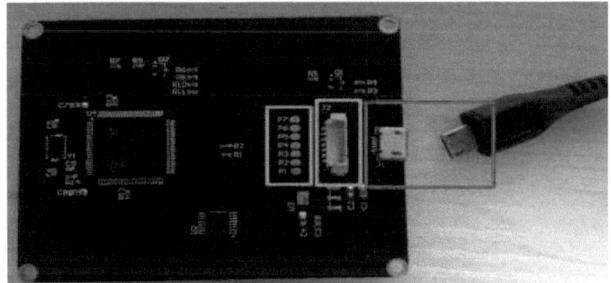

Figure II. 5 : Les ports de l'écran tactile [8]

III.5.2. Spécifications

Un module d'affichage tactile est livré avec des fonctionnalités suivantes:

- Résolution d'écran: 320 x 240 avec 65,536 couleurs
- Communication: USB 2.0 Full-Speed
- Spécifications de l'interface USB: Micro-USB
- Ecran tactile: écran tactile résistif de taille de 2,8 pouces
- Pilote Open Source pour Linux
- Taille: longueur 74mm, largeur 60mm
- Poids: 50g [8]
- Ce module est compatible avec divers plateformes embarquées ayant une fonctionnalité de communication USB notamment un Raspberry Pi, un Cubieboard, pcDuino. Il suffit cependant d'ajouter le pilote correspondant pour chaque plateforme embarqué ayant un OS Linux.

III.6. Avantages de la carte « Raspberry Pi »

En comparant notre carte « Raspberry Pi » avec d'autres cartes existantes et par rapport l'ordinateur lui-même nous tirons cependant les avantages suivants :

> ➢ Les atouts du « Raspberry Pi » sont eux-mêmes ses avantages qui sont son faible prix, ses connecteurs d'entrées/sorties (GPIO), l'utilisation de logiciel libre ainsi qu'une grande communauté de développement qui est apparue autour.
>
> ➢ Le « Raspberry Pi » est construit autour d'un processeur très puissant comme l'ARM11.
>
> ➢ Le « Raspberry Pi » n'a pas besoin de système de refroidissement (radiateur, ventilateur). En effet « Raspberry Pi » fonctionne silencieusement.
>
> ➢ La consommation du « RPi » est très faible : 700mA au maximum en 5V pour le modèle B choisi. Cela représente donc 3.5W au maximum.

III. Modélisation UML

IV.1. Présentation

Comme nous avons déjà expliqué, pour fonctionner le système de contrôle domotique à réaliser nous devrons concevoir et implémenter un site web dynamique qui sera l'interface de commande pour l'utilisateur. Donc cette partie est destinée à la présentation de la phase de l'analyse et de la conception du site web; cette phase est primordiale dans le processus de mise en œuvre de tout projet informatique. Elle aide le développeur à bien gérer la complexité d'une application en décomposant le système en sous processus afin de bien comprendre la problématique et de bien cerner les difficultés à rencontrer.

La modélisation du site web de notre projet sera faite par la méthode « UML » qui est un langage graphique très intéressant.

IV.2. Définition

UML (en anglais Unified Modeling Language ou « langage de modélisation unifié ») est un langage de modélisation graphique à base de pictogrammes. Il est apparu dans le monde du génie logiciel, dans le cadre de la « conception orientée objet ». Couramment utilisé dans les projets logiciels, il peut être appliqué à toutes sortes de systèmes ne se limitant pas au domaine informatique. La méthode UML est le fruit de l'unification de plusieurs langages graphiques de modélisation objet.

Dans ce qui suit, nous allons présenter les diagrammes de cas d'utilisations du modèle « UML » relatif au site web de notre projet.

IV.3. Diagramme cas d'utilisation

IV.3.1. Présentation et intérêt des cas d'utilisation

Un diagramme de cas d'utilisations décrit les fonctionnalités fournies par le système à un acteur (utilisateur, administrateur, etc.). L'approche consiste à regarder le système à construire de l'extérieur, du point de vue de l'utilisateur et des fonctionnalités qu'il en attend. Les cas d'utilisation sont par conséquent très utiles en phase d'analyse des besoins. La représentation des diagrammes de cas d'utilisation obéira aux conventions suivantes :

- ➔ Les cas d'utilisation supportent la notion **d'Extension** qui permet d'ajouter des cas d'utilisation pour gérer des cas spéciaux d'un cas d'utilisation et ce par une flèche intitulée « extend » du premier cas vers le deuxième.
- ➔ Ces diagrammes supportent aussi la notion **d'inclusion** entre cas d'utilisation qui signifie que le premier cas d'utilisation utilise le deuxième pour atteindre un but nécessaire à son scénario et ce par une flèche intitulée « include » du premier cas vers le deuxième.

Un besoin fonctionnel d'un acteur envers notre système est traduit par une flèche simple reliant l'acteur externe au cas d'utilisation spécifié.

IV.3.2. Diagramme de cas d'utilisation général d'un utilisateur ordinaire

Pour accéder au cœur de l'application, un utilisateur doit s'inscrire pour avoir un compte propre à lui. S'il est déjà inscrit, un utilisateur doit s'authentifier en présentant un « login » et un mot de passe à la page d'authentification (connexion). Le « login » et le mot de passe doivent être les mêmes remplis dans la page d'inscription. Une fois reconnu, l'utilisateur a l'accès au choix d'un mode de commande parmi plusieurs qui sont figurés dans l'interface de commande. Une fois la commande est choisie, un utilisateur désirant avoir un compte rendu sur l'état des différents éléments électriques devrait accéder à la page « état ».

Lors de confrontation des problèmes ou de transmission des propositions, l'utilisateur pourra envoyer, à travers la page « contact », des messages à l'administrateur par un simple remplissage d'un formulaire de contact.

La figure II.6 montre le diagramme de conception proposé pour ce faire.

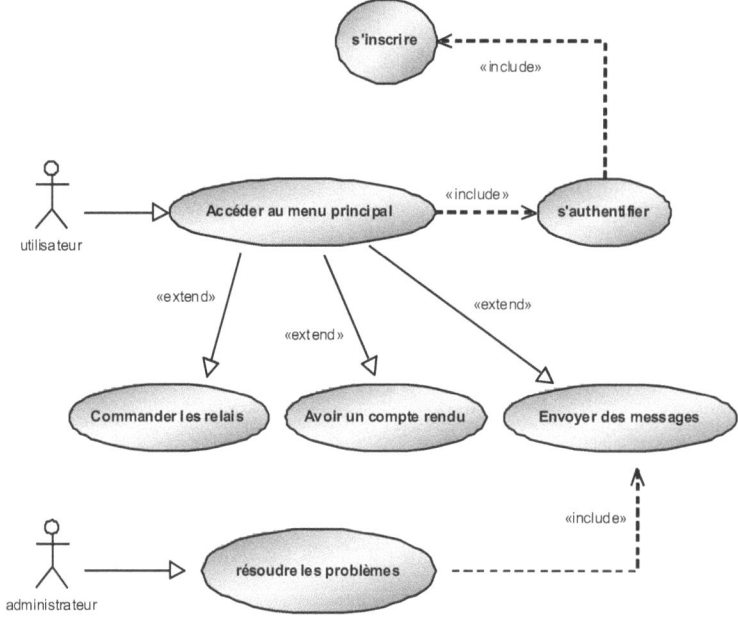

Figure II. 6 : Diagramme du cas d'utilisation global

IV.3.3. Le cas d'utilisation « s'inscrire »

La conception de cas d'utilisation de l'entité « s'inscrire » est celui de la figure II.7. Il est composé de :

- ✓ Acteur principal : Utilisateur anonyme
- ✓ Description : Il s'agit de remplir le formulaire d'inscription en renseignant les informations demandées.
- ✓ Pré-condition : Aucune
- ✓ Post-condition : L'utilisateur est inscrit sur le site.

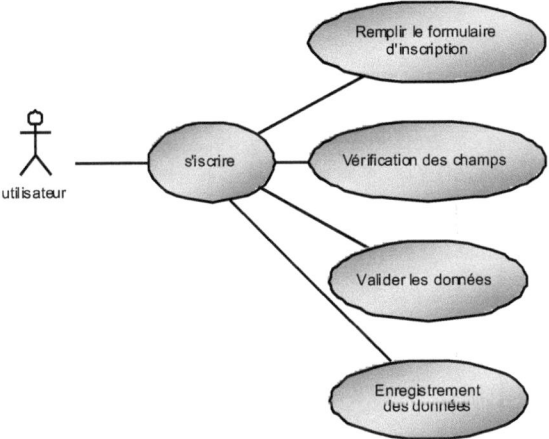

Figure II. 7: Diagramme du cas d'utilisation « s'inscrire»

IV.3.4. Le cas d'utilisation « s'authentifier »

La conception de cas d'utilisation de l'entité « s'authentifier » est celui de la figure II.8. Il est composé de :

- ✓ Acteur principal : Utilisateur enregistré
- ✓ Description : Il s'agit de s'authentifier, en remplissant son identifiant et son mot de passe dans le formulaire d'authentification.
- ✓ Pré-condition : Etre inscrit et enregistré dans la base de données.
- ✓ Post-condition : L'utilisateur est logé et peut accéder à fonctionnalités correspondantes à son rôle.

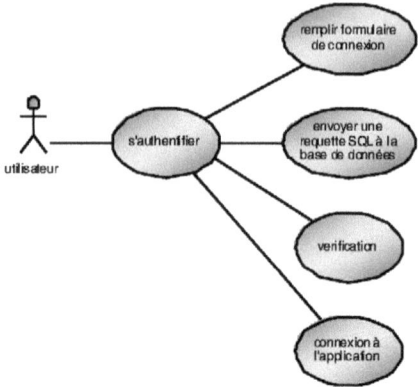

Figure II. 8: Diagramme du cas d'utilisation « s'authentifier»

IV.3.5. Le cas d'utilisation « commander les relais »

Le cas d'utilisation « commander les relais » représenté par la figure II.9 est divisé en d'autres sous cas d'utilisation; en effet, commander les relais consiste à choisir en premier lieu un relai parmi ceux qu'on souhaite les contrôler selon la demande et le besoin de chaque utilisateur. Puis, il s'agit de quatre modes :

- Mode TOR : permet d'actionner immédiatement la sortie (Relais) par un simple clic sur des boutons ON/OFF.
- Mode cyclique : permet à l'utilisateur de définir des cycles de temps au cours de lesquels la sortie (relai) soit elle fonctionne soit elle cesse de fonctionner.
- Mode temporel : permet à l'utilisateur de définir l'intervalle du temps de fonctionnement du relais.
- Mode variateur de luminosité (mode « slider »): permet de faire varier l'intensité lumineuse de l'éclairage des lampes.
- Mode commande porte : permet l'ouverture et la fermeture d'une porte.

L'utilisateur est menu à choisir pour chaque relai un mode de commande. En fin, chaque mode de contrôle exige une ou plusieurs actions.

La représentation graphique du diagramme du cas d'utilisation « commander les relais» est celle de la figure II.9.

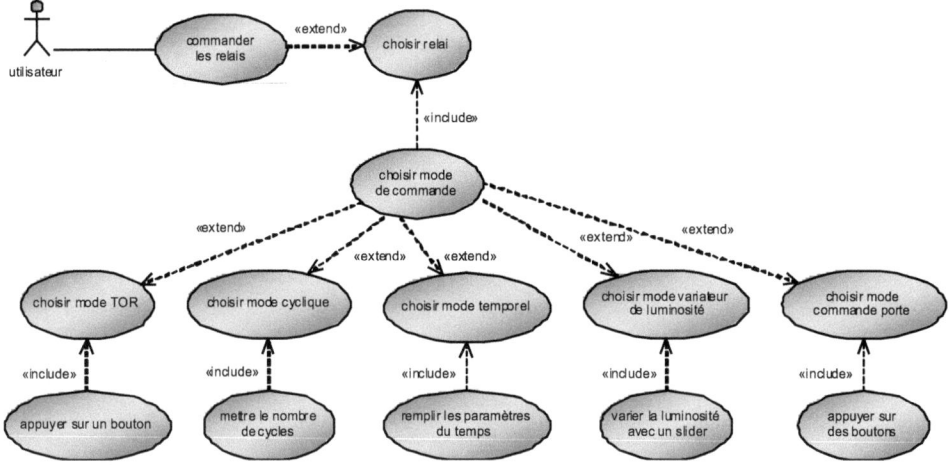

Figure II. 9: Diagramme du cas d'utilisation « commander les relais»

IV.4. Diagramme de classe

Le diagramme de classe permet de faire la description des classes en déterminant leurs attributs et leurs méthodes. Il regroupe les différentes classes dont ils sont reliés avec des relations et des associations. Donc ce diagramme permet de représenter l'aspect statique des structures et énumère les différentes classes du système à modéliser. Nous représentons le diagramme de classe de notre système par la figure II.10.

En effet, ce diagramme montre les relations entre les différents objets et classes du système : utilisateur, administrateur, « Raspberry Pi », carte relais, unité de traitement et les équipements électriques.

La classe utilisateur est fortement en relation avec plusieurs classes : Raspberry pi, administrateur et l'unité de traitement.

La classe Raspberry Pi est aussi en relation avec les classes : l'utilisateur, l'unité de traitement, l'administrateur, la carte relais.

La classe carte relais est en relation avec la classe le classe « équipement électrique ».

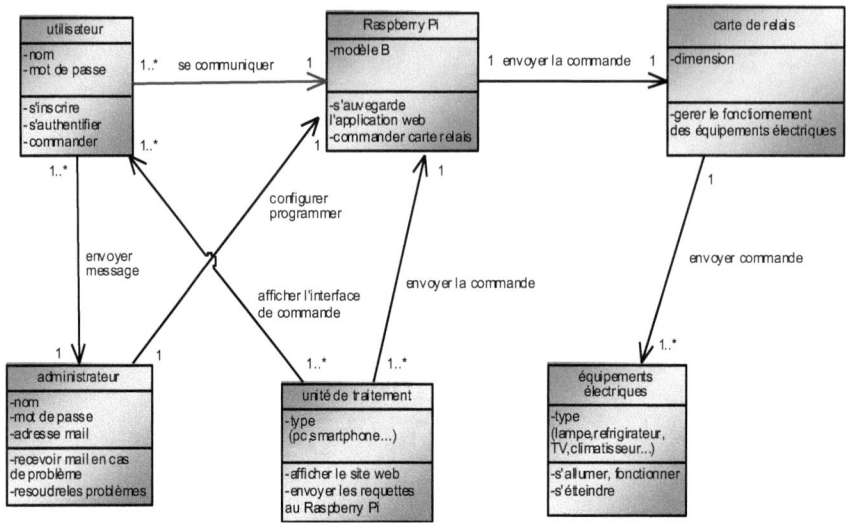

Figure II. 10: Diagramme de classe

IV.5. Diagramme de séquence

IV.5.1. Présentation

Le diagramme de séquence est un diagramme d'interaction entre les objets selon un point de vue temporel, il met l'accent sur le classement des messages par ordre chronologique durant l'exécution du système et il est considéré comme l'un des vues dynamiques les plus importantes d'UML.

Un diagramme de séquence est un tableau dans lequel les objets sont rangés sur l'axe des abscisses et des messages par ordre d'apparition sur l'axe des ordonnées. La disposition des objets sur l'axe horizontal n'a pas de conséquence pour la sémantique du diagramme [9].

Il est utilisé pour représenter certains aspects dynamiques d'un système : dans le contexte d'une opération, d'un système, d'un sous-système, d'un cas d'utilisation (un scénario d'un cas d'utilisation) selon un point de vue temporel [10].

En effet dans cette phase, et après identification des cas d'utilisation, nous représentons à l'aide des diagrammes de séquences, quelques scenarios coté web (site web) et coté matériels (carte Raspberry Pi et carte relais) ainsi que l'authentification et l'inscription des utilisateurs.

IV.5.2. Diagrammes de séquence « Inscription»

Ce diagramme illustré par la figure II.11 décrit la séquence permettant à un utilisateur anonyme de s'inscrire afin d'avoir son propre compte sur le site web que nous allons créer. L'utilisateur doit remplir le formulaire d'inscription et de l'envoyer à l'interface. Ce dernier envoie la requête, à son tour, à la base de données. Si les paramètres d'inscription entrés par l'utilisateur (login, password, repeatpassword) sont conformes, ils sont rajoutés dans la base de données pour être enregistrés, puis un message « ok » est affiché sur le navigateur de l'utilisateur et il se retrouve ainsi connecté avec son compte.

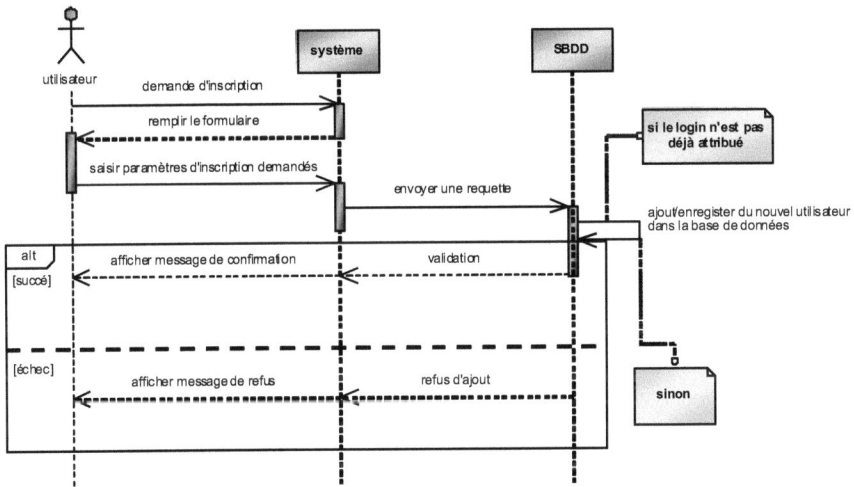

Figure II. 11: Diagramme de séquence « inscription »

Au cas où ces données sont stockées, le client est alors redirigé vers la page de connexion pour s'authentifier.

IV.5.3. Diagrammes de séquences de « Authentification »

Avant le démarrage de l'application, l'utilisateur doit saisir son « login » et son mot de passe. Une fois qu'il valide la saisie des données, le système s'assure que tout les champs sont remplis, puis il vérifie ces données au près de la base de données car le client doit entrer des données qui sont enregistrées déjà dans la base de données lors de l'inscription. Cette étape s'achève soit par l'ouverture du menu principal de site web crée qui constitue l'espace de commande associé à l'utilisateur, soit par l'affichage de message d'erreur si les paramètres de connexion de sont pas conformes avec celles d'inscription.

La représentation graphique du diagramme de séquence de l'entité « authentification » est celle de la figure II.12.

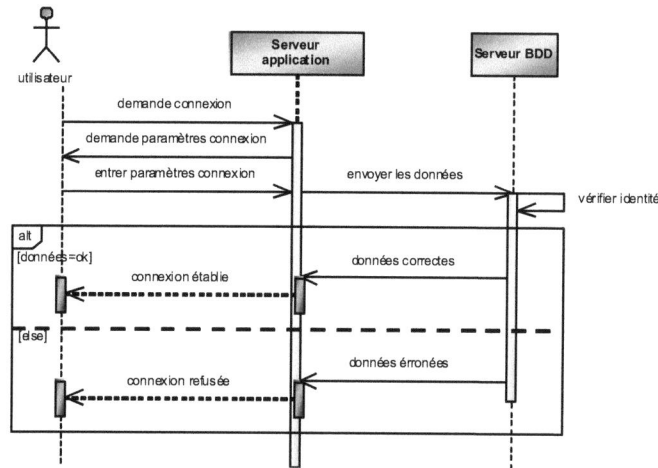

Figure II. 12: Diagramme de séquence « authentification »

Après la phase d'inscription et de connexion l'utilisateur peut accéder à l'interface graphique de commande et aux autres fonctionnalités crées dans notre site web.

IV.5.4. Diagramme de séquence « commande »

Une fois que l'utilisateur est inscrit, il devient propriétaire de son propre compte, il ne reste qu'à s'authentifier avant d'accéder à son interface de commande. Lorsque ce dernier est affiché, l'utilisateur peut contrôler les équipements électriques dans sa maison avec une liberté totale selon ses exigences. En effet, la page de commande affiche des blocs contenant les numéros des relais que nous souhaitons les commander, chaque bloc contient différents modes de commande : mode TOR, mode cyclique, mode temporel, mode un variateur de luminosité (mode « slider »). Il y a aussi un autre bloc permettant de commander la porte (mode commande porte).

Ainsi chaque utilisateur n'a que choisir le relai qu'il veut le contrôler et le mode de commande désiré en cliquant sur le bouton correspondant. Cette action est envoyée directement au « Raspberry Pi » pour la traiter et envoyer, à son tour, l'ordre de commande à la carte relais qui joue le rôle d'un interrupteur dans ce cas. En d'autres termes, elle a la possibilité soit d'activer (allumer, mettre en marche) l'élément électrique soit de le désactiver (éteindre, arrêt) selon l'ordre reçu.

S'il a choisi le mode variateur de l'éclairage, il n'a que bougé le curseur (en anglais, slider) et le « raspberry Pi » détecte le signal PWM sur son GPIO-PWM et l'a transféré au bloc dédié à la variation de luminosité de carte relais. De cette façon, une variation de « slider » se traduit par une variation du signal PWM.

Si notre utilisateur veut commander la porte de sa maison à distance, il n'a que choisir le bloc « commande porte » et cliquer sur les boutons d'ouverture ou de fermeture de la porte.

La représentation graphique du diagramme de séquence de l'entité « commande » est celle de la figure II.13.

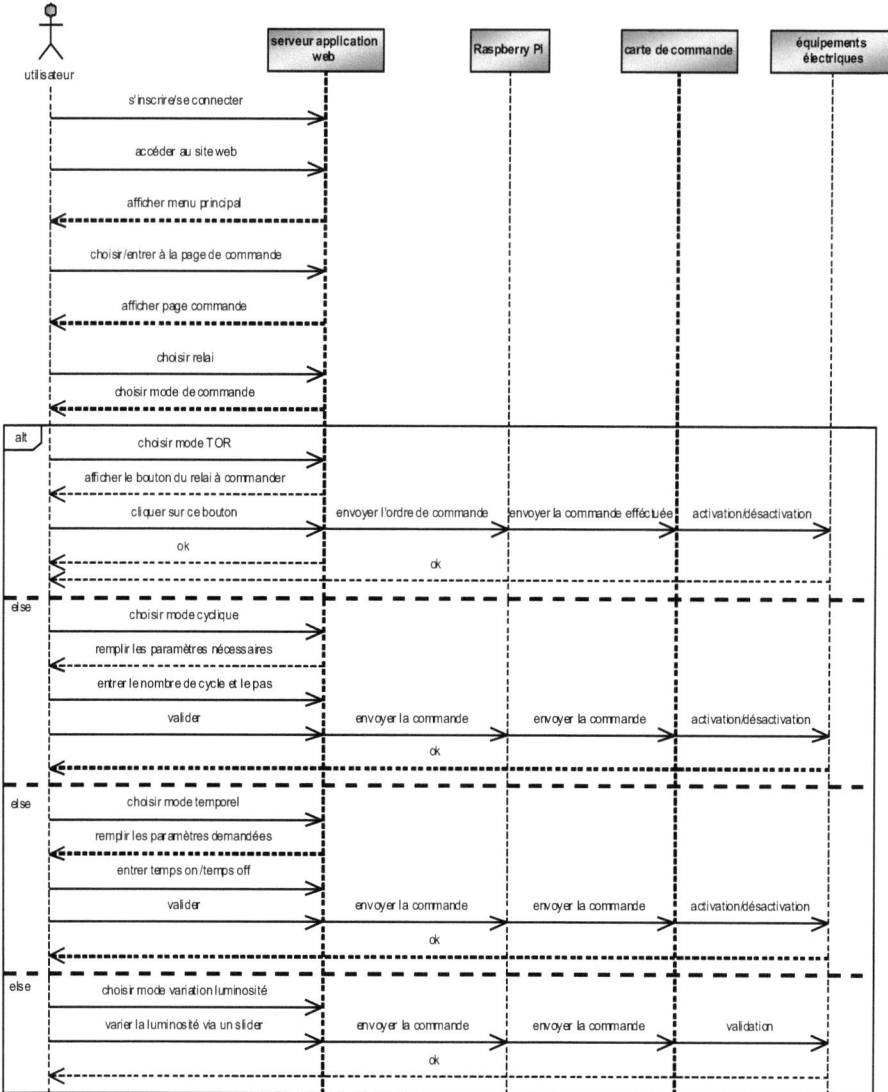

Figure II. 13: Diagramme de séquence « commande »

Une fois notre étude conceptuelle approfondie du site web embarqué est terminé après avoir modélisé les besoin des utilisateurs, nous passons directement à la conception des cartes électroniques de commande : carte relais et carte commande porte, ainsi que le choix de ses composants.

IV. Conception des cartes de commande

V.1. Conception de la carte relais

En ce qui concerne la partie hardware et pour le but de mettre en place notre projet, nous avons conçu une carte de commande basée sur 7 relais dont le rôle est de recevoir les ordres de commandes venus du « Raspberry Pi » et de les transférer à son tour aux différents éléments électriques existants dans un domicile.

En effet, cette carte peut être divisée en trois blocs principaux:

- ❖ Un bloc qui joue le rôle d'une alimentation stabilisée permettant d'assurer les fameuses fonctions d'adaptation, de redressement, de filtrage et de régulation.
- ❖ Un bloc d'amplification permettant d'amplifier la tension qui provient de « Raspberry Pi » et nécessaire à l'excitation des relais.
- ❖ Un bloc qui contient les 7 relais avec des leds signalant leur fonctionnement.
- ❖ Un bloc pour la partie variation de luminosité en utilisant le signal PWM du « Raspberry Pi ».

Dans cette partie nous allons présenter le rôle de chaque bloc et préciser le choix et le dimensionnement des différents composants nécessaires.

V.1.1. Bloc alimentation stabilisée

Pour convertir la tension **alternative** du réseau (STEG) en une tension **continue** très basse tension (TBT) et dans le but de la rendre compatible avec les caractéristiques de « Rasperry Pi » et de relai, nous avons utilisé trois fonctions successives présentées dans ce qui suit. (Voir figure II.14)

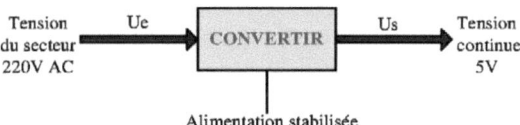

Figure II. 14: Rôle de l'alimentation stabilisée

➕ Fonction d'adaptation

La première étape consiste à abaisser la tension du réseau pour l'adapter à la tension d'alimentation de « Raspberry Pi ». C'est la fonction transformation ou adaptation en tension qui est assurée par un transformateur abaisseur 220V/12V de puissance 30kVA, donc il peut supporter au maximum 2.5A.

🞣 Fonction de redressement

Le courant délivré par le secondaire du transformateur est un courant alternatif. Il change de sens plusieurs fois par seconde. Ce courant ne convient pas pour alimenter le Raspberry Pi. Il faut changer la nature de ce courant en le rendant unidirectionnel. La fonction électronique utilisée est la fonction redressement qui consiste à transformer une tension alternative provenant du secondaire du transformateur en une tension unidirectionnelle appelée tension redressée. Il existe de types de redressement : simple alternance et double alternance.

Pour faire du redressement double alternance nous ajoutons un pont à quatre diodes à jonction (pont de GRAETZ) de type BY127 et de caractéristiques 3A/500V.

Le Fonctionnement du pont de GRAETZ est donné par la figure II.15 :

Pendant l'alternance positive de la tension d'entrée les diodes D1 et D4 conduisent, les diodes D2 et D3 sont bloquées. La tension aux bornes de la charge vaut pratiquement U (la tension d'entrée) :

$$U_R = U \tag{II.1}$$

Pendant l'alternance négative de la tension d'entrée U, l'inverse se produit : D1 et D4 sont bloquées, D2 et D3 conduisent.

La tension aux bornes de la charge, égale à (-U) reste toujours positive :

$$U_R = -U \tag{II.2}$$

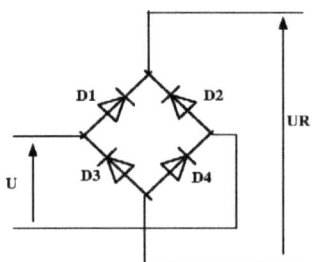

Figure II. 15: Pont de GRAETZ

La tension à sortie du redresseur ne peut pas être considérée comme étant une tension parfaitement constante, c'est pour cette raison qu'on a besoin d'une autre fonction électronique permettant de convertir la tension redressée en une tension aussi continue que possible : c'est la fonction de filtrage.

↓ Fonction de filtrage

Cette fonction est utilisée pour éviter que, la tension redressée passe par zéro plusieurs fois par seconde, pour réduire les ondulations. Le composant technique de filtrage le plus facile à mettre en œuvre est un condensateur.

Dans ce contexte nous utilisons deux condensateurs : un condensateur polarisé de valeur 100 µF et un condensateur céramique (non polarisé) de valeur 100nF.

↓ Fonction régulation/stabilisation

Malgré l'utilisation de la fonction filtrage, la tension obtenue n'est pas pratiquement continue, elle contient des ondulations qui sont parfois gênantes. Pour éviter cela, la fonction stabilisation ou régulation assurée par une diode Zener ou un régulateur est indispensable.

Afin d'éviter les fluctuations au niveau de la tension filtrée pour assurer une tension parfaitement constante, nous choisissons d'utiliser un régulateur positif de type LM7805 et de caractéristiques (1A, 5v).

Pour bien stabiliser le signal à la sortie du régulateur nous ajoutons à notre montage deux autres capacités, l'une est polarisée de valeur 100µFet l'autre est céramique de valeur 100nF.

Donc nous récapitulons dans la figure II.16 la transformation des différentes formes de la tension d'entrée 220V alternative.

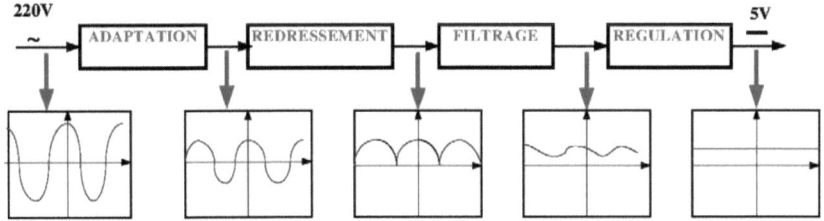

Figure II. 16: différentes formes d'onde de la tension d'entrée au cours de sa conversion

V.1.2. Bloc d'amplification +relais

Les GPIO du Rasperry Pi fournissent au maximum 3,3 V, mais cette tension ne suffit pas pour exciter les relais 5v. La solution étant l'utilisation d'un circuit d'amplification ULN2803.

ULN2803 est un circuit de puissance de technologie CMOS qui contient 8 transistors Darlington comme illustré dans la figure II.17.

✓ **Brochage**

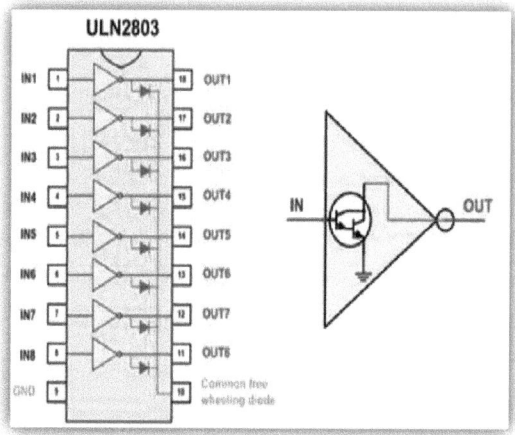

Figure II. 17: Brochage de l'ULN2803

✓ IN1, IN2, IN3, IN4, IN5, IN6, IN7, et IN8: les entrées du circuit
✓ OUT1, OUT2, OUT3, OUT4, OUT5, OUT6, OUT7 et OUT8: les sorties du circuit
✓ GND: masse de circuit
✓ Com : correspond au choix de la tension d'excitation du relai (5v pour note cas)

V.1.3. Bloc de variateur de luminosité à base de MOSFET

Ce bloc représente un gradateur (variateur) de lumière à base d'un MOSFET, donc pour le réaliser nous choisissons les composants suivants :

- Quatre diodes BY127 à jonction NPN (pont de GREATZ)
- Un MOSFET IRF810 de caractéristique 4.5A/500 V utilisé pour contrôler la tension aux bornes d'une lampe à incandescence avec une modulation de largeur d'impulsion (PWM).
- Un optocoupleur PC817
- Une Diode zener de puissance 0.4 W et de tension maximale 10V.
- Une autre Diode BY127

- 4 Resistances de valeurs respectives 220ohm, 2*33kohm, 22kohm
- Un condensateur polarisé de capacité 2.2 µF et de tension maximale 63V.
- Un condensateur céramique de capacité 220nF et de tension maximale 275V

V.2. Carte de commande porte

Cette carte permet de commander (ouverture et fermeture) la porte d'une maison à distance lorsqu'elle reçoit l'ordre à partie du site web. Donc pour la réaliser nous choisissons les composants suivants :

- Quatre optocoupleurs PC817
- Un moteur

V. Conclusion

Ayant présenté le principe général de notre système de contrôle domotique, la carte de développement « Raspberry Pi », la conception générale du système informatique, dévoilée grâce à un diagramme de cas d'utilisation et la conception détaillée explicitée à l'aide de diagrammes de classe et de séquence ainsi que les cartes électronique de commande, nous pouvons maintenant aisément passer à la description de la mise en œuvre des applications réalisées dans le cadre de ce projet.

Chapitre III: Réalisation et mise en œuvre

Introduction

Dans ce chapitre, après une brève présentation de la configuration de la carte de développement « Raspberry Pi » nous allons présenter, ensuite, l'application informatique réalisée dans le cadre de ce projet et consistant en la création d'un site web dynamique permettant le contrôle à distance de nos domiciles.

I. Présentation de « Raspberry Pi » coté logiciel

Pour pouvoir utiliser une carte « Raspberry Pi», il est indispensable d'appliquer les différents étapes présentées par l'organigramme de la figure III.1 à notre « RPi », permettant de la configurer et d'installer les packages que nous avons besoin pour notre application.

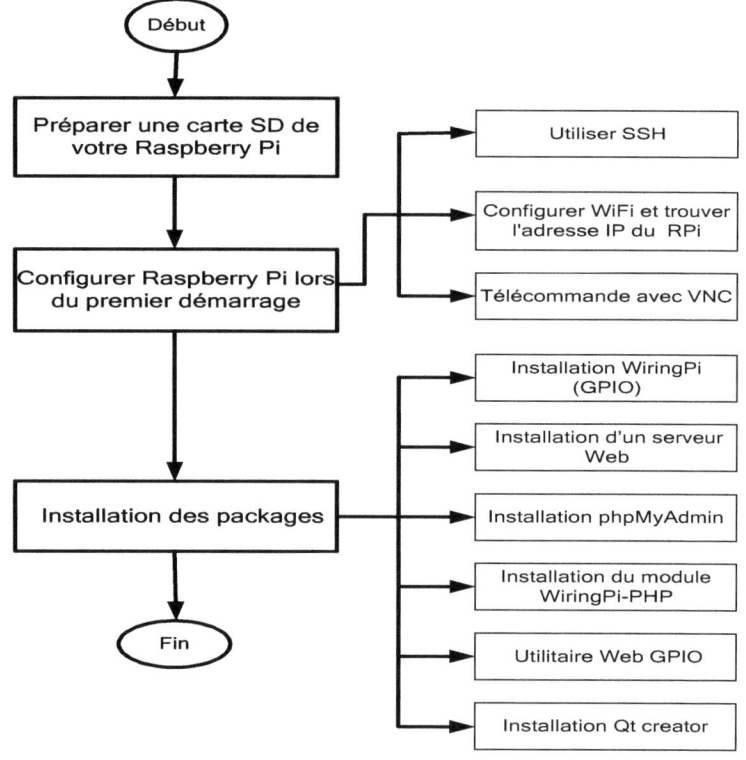

Figure III. 1: Organigramme d'utilisation de « Raspberry Pi»

Pour voir tous les détails de configuration « Raspberry Pi » et d'installation des packages voir annexe 3.

II.   Réalisation de l'ensemble des pages du site web

III.1. Architecture générale du site web

Parmi les exigences du cahier des charges est que le site web doit être simple d'utilisation et de navigation au niveau ses fonctionnalités et de son contenu. Ainsi nous avons crées un site web consistant en :

- Page d'inscription
- Page de connexion
- Page menu principal (page d'accueil) : elle est divisée de trois autres pages :
    - Page de commande
    - Page d'état des périphériques
    - Page de contacts

Voici un aperçu de la structure générale du site illustré dans la figure III.2.

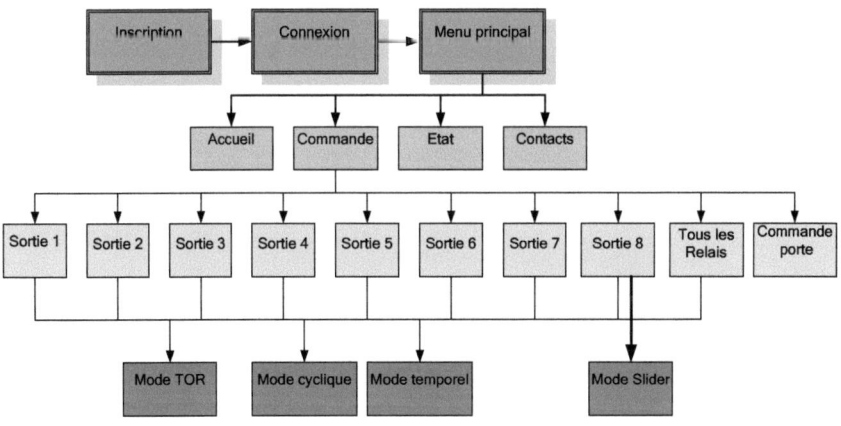

Figure III. 2 : Organigramme des différents pages du notre site web

III.2. Présentation de la page inscription

Avant de devenir membre, lorsqu'un visiteur entre l'adresse URL du site, il arrive sur la page d'inscription. En effet, un code HTML nous permet d'obtenir l'interface graphique de cette page. Nous utilisons aussi le langage CSS pour mettre en forme cette page. Ainsi notre visiteur (utilisateur du système de contrôle domotique) n'a que remplir le formulaire d'inscription en y indiquant les informations personnelles demandées (login, password, repeatpassword).

La figure III.3 montre la page d'inscription et celle III.4 montre un exemple.

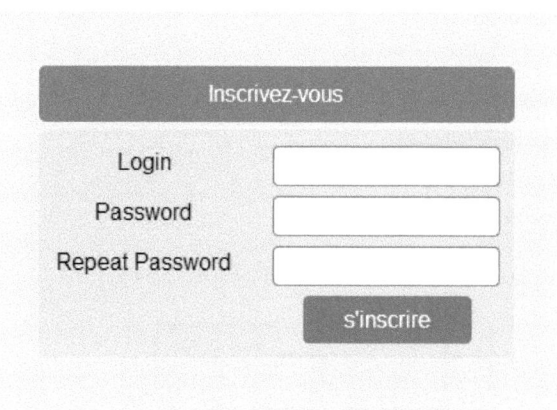

Figure III. 3: Page d'inscription

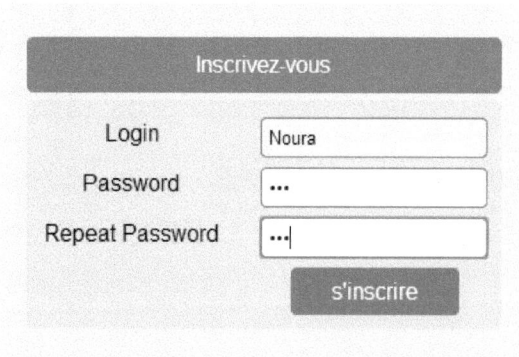

Figure III. 4: Exemple d'inscription d'un client nommé « Noura »

La seconde étape consiste à créer la base de données relationnelle MySQL afin d'y stocker ces informations. Pour cela, nous nous connectons à PHPMyAdmin qui est une application Web de gestion pour les systèmes de gestion de base de données MySQL. (Voir la figure III.5).

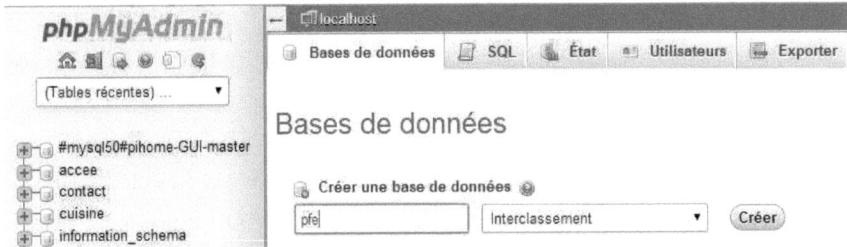

Figure III. 5: Création la base de données «pfe»

Chaque base de données peut contenir plusieurs tables. Pour notre site nous avons besoin d'une seule. La figure III.6 montre comment la créer : nous entrons dans le champ «Nom» le nom de la table que nous allons utiliser soit « users » et nous mettons « 4 » pour le nombre de colonnes puis nous cliquons sur « exécuter » pour valider cette étape.

Figure III. 6: Création table dans une base de données

Ensuite nous devons arriver sur l'interface de la figure III.7 pour entrer les informations requises :

Figure III. 7: Remplissage des champs de la table de la base de données

Dans la 1ère colonne tout à gauche, nous allons entrer les noms des différents champs de notre table.

Le premier se nomme généralement ID pour « Identification Number ». Il permet d'obtenir avec certitude une entrée unique pour tous les éléments de la table. Si elle n'est pas créée, nous pourrons avoir des doublons dans notre base. L'ID doit être

- ✓ de type « INT » (entier),
- ✓ index « primary » (clé primaire)
- ✓ La case d'auto-incrément « A-I » est cochée

Les autres champs seront utilisés pour stocker ce que nous avons besoin, à savoir :

- Le «username » (nom d'utilisateur) qui est de type VARCHAR (chaine de caractères)
- Le « password » (mot de passe) qui est de type VARCHAR (chaine de caractères)
- Le «repeatpassword» (répéter mot de passe) qui est de type VARCHAR

Nous entrons donc (sans majuscule ni accents) « username », « password » et «repeatpassword» dans les champs restant.

Une fois la création de la base de données est terminée et avant de valider l'inscription, des vérifications sont effectuées. Par exemple, on vérifie que tous les champs sont remplis et que le login saisi n'existe pas déjà dans la base c'est-à-dire qu'il est disponible ainsi que le champ « password » et « repeatpassword » sont identiques. Sinon des messages d'erreur sont affichés à l'écran pour renseigner l'utilisateur comme montre la figure III.8. Une fois l'inscription effectuée, le membre pourra, à chaque fois qu'il le souhaite, se connecter au site, en utilisant le login et le code qu'il a indiqué.

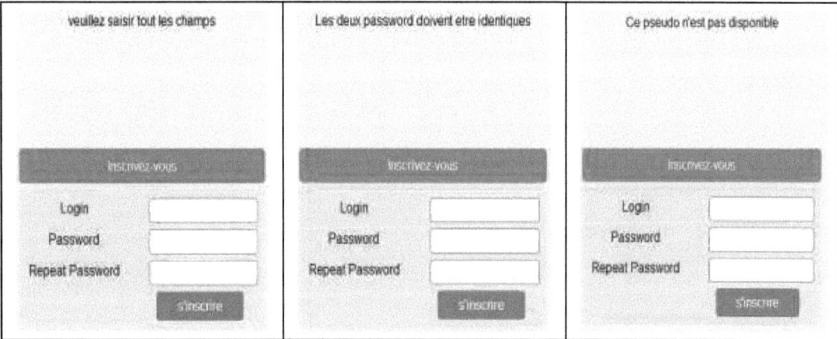

Figure III. 8: Messages de renseignement affichés lors de l'inscription

III.3. Présentation de la page connexion

Sous le moteur de recherche, deux champs permettent aux membres de s'identifier : le champ « login » et le champ « password ». C'est la combinaison de ces deux champs qui va permettre l'identification du membre (voir figure III.9) : on vérifie que le login indiqué correspond bien au mot de passe enregistré dans la base de données. Si c'est le cas, une session membre est créée et le membre peut naviguer sur le site tout en restant connecté. Sinon des messages d'erreurs s'affichent aux visiteurs comme illustrent les figures III.10, pour renseigner les visiteurs.

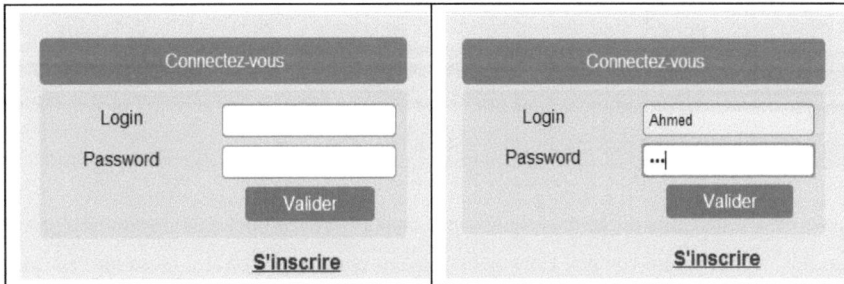

Figure III. 9: Page d'authentification (connexion)

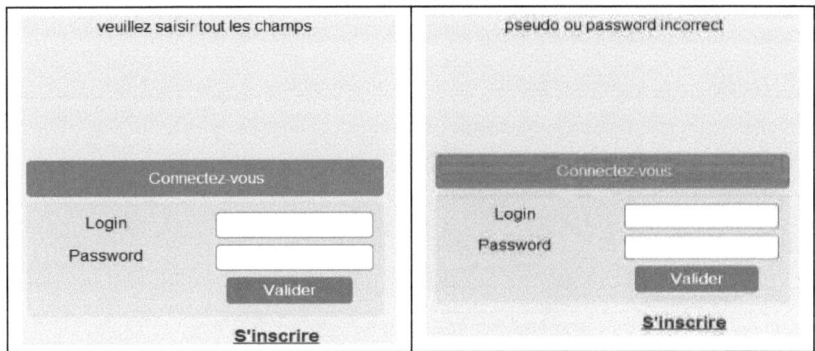

Figure III. 10: Messages de renseignement lors de l'authentification

Dans la page d'inscription, il y a aussi le lien « s'inscrire », il se situe sous les champs de connexion, qui va permettre ceci : lorsque le visiteur clique sur ce lien, un formulaire qui lui demandant de nouveau des informations personnelles s'affiche à l'écran. Ces informations vont permettre à l'utilisateur d'avoir un autre compte en cas de besoin pour avoir l'accès à notre site web et pouvoir contrôler sa maison.

III.4. Présentation de la page d'accueil

Le lien permettant d'accéder à la page d'accueil, pour voir le menu principal, est accessible une fois que le membre est connecté. Donc cette partie regroupera l'ensemble des liens utiles: lien « accueil », lien « commande », lien « état » et lien « contacts ».

Sous ces liens, se trouve le bouton « Déconnexion » permettant au membre de se déconnecter. Lorsque le membre clique sur ce bouton, toutes les informations le concernant, stockées dans la session, sont détruites.

Dans la page d'accueil, nous mettons les images de la carte « Raspberry Pi », de la carte relais et du système complet sous forme d'un boitier contenant ces différentes cartes. Ensuite, nous les présentons brièvement pour finir cette page avec un vidéo qui montre le fonctionnement du notre système d'une part et qui valide notre travail d'une part.

Les figures III.11 et III.12 représentent respectivement des aperçus du menu général du site pour deux utilisateurs différents (par exemple Noura et Ahmed), chacun dispose son propre session ou son propre compte. Donc nous pouvons obtenir ceci grâce à un script PHP bien entendu.

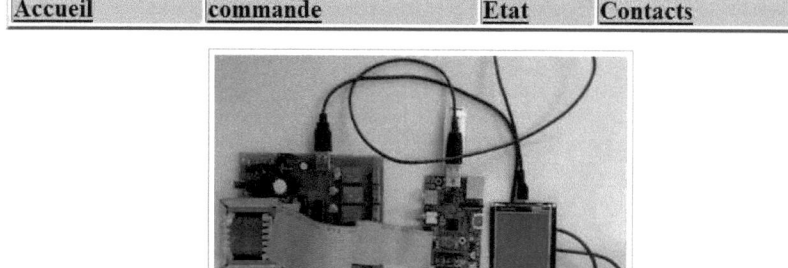

Figure III. 11: Page d'accueil (menu principal) d'un client nommé « Noura »

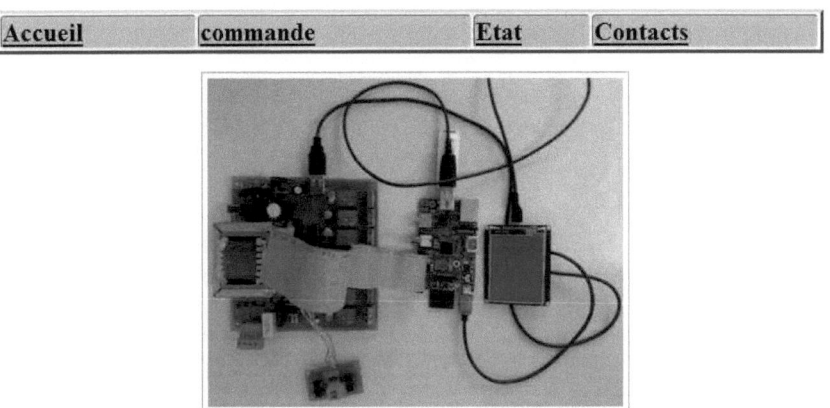

Figure III. 12 : Page d'accueil (menu principal) d'un client nommé « Ahmed »

III.5. Présentation de la page commande

Le contenu de cette page est la partie la plus importante du site web. En effet, ce sera là où fera l'opération de la commande. Une fois le visiteur est connecté, il n'a que choisir et cliquer sur le bouton convenable et son commande sera faite grâce à des scripts PHP qui permettent de dynamiser le site ainsi que l'envoi les ordres de commande à la carte de développement « Raspberry Pi » et ensuite à la carte relais.

En effet, nous avons quatre modes principaux qui ont disponibles à l'utilisation de la part des clients:

- ➢ Mode Tout Ou Rien (TOR)
- ➢ Mode cyclique
- ➢ Mode temporel
- ➢ Mode « Slider » (variateur de lumière)
- ➢ Commande porte

La figure III.13 montre ces différents modes et elle constitue la première interface de commande.

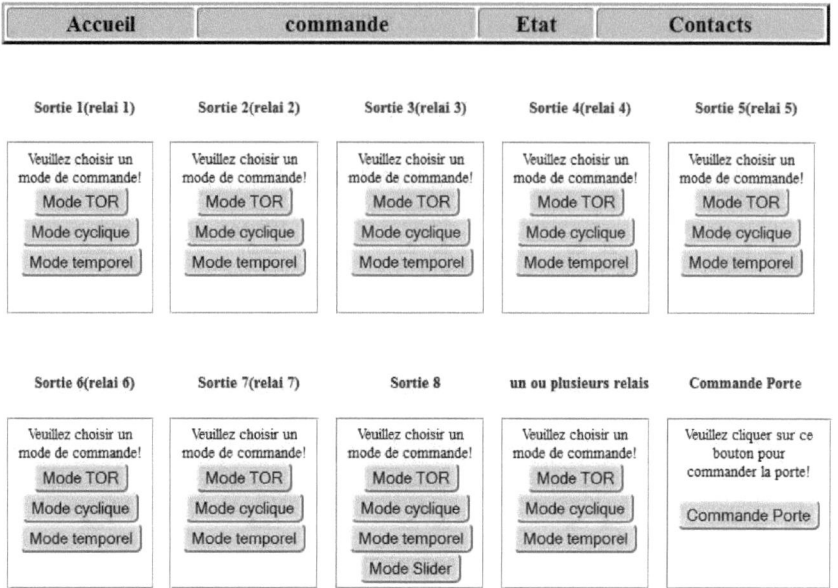

Figure III. 13: Première page de commande

III.5.1. Mode Tout Ou Rien (TOR)

Nous avons expliqué le principe de cette page dans le chapitre précédent, donc il ne nous reste maintenant qu'à présenter son interface. En effet, en cliquant sur le mode TOR du relai 1(voir figure III.13) nous arrivons à la page de la figure III.14.

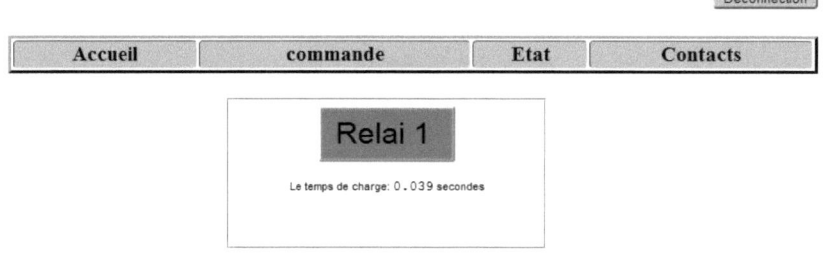

Figure III. 14: Page de commande du premier relai (mode TOR)

Un simple clic sur le bouton Relai 1 permet d'allumer ou d'éteindre l'élément électrique mis en jeu et branché avec le GPIO qui commande le relai 1. Ce dernier est situé dans la carte relais bien entendu. Pour savoir l'état de cet élément il suffit d'aller à la page « Etat ».

Pour chaque relai nous avons fait la même chose, signifie qu'en cliquant sur le bouton mode TOR du relai correspondant, il nous amène à une page identique à la figure III.14. La seule chose qui se diffère c'est le numéro du relai (de 1 jusqu'à 8).

En contre partie, nous pouvons aussi commander tous les relais simultanément en cliquant sur le bouton 'Tous les relais' si nous choisissons ' Mode TOR' de l'ensemble 'un ou plusieurs relais' dans la page de commande. (Voir la figure III.15)

Figure III. 15: Page de commande d'un ou de plusieurs relais

III.5.2. Mode cyclique

Nous passons maintenant au mode cyclique, donc sous chaque relai nous avons un bouton « mode cyclique », en cliquant sur ce bouton une autre page s'ouvre et contenant une interface permettant de commander nos équipements électriques de façon cyclique et répétitive.

Pour ce faire, chaque utilisateur doit remplir la case « durée » et la case « nombre de cycle» respectivement par la durée du cycle et le nombre du cycle. Puis il valide en cliquant sur le bouton valider. Lorsqu'il veut arrêter complètement ce mode avant que les cycles se terminent il peut cliquer sur le bouton arrêter.

La figure III.16 présente l'interface du mode cyclique pour le relai 1.

MODE CYCLIQUE

Figure III. 16: L'interface du mode cyclique

Dans la même interface du mode cyclique nous ajoutons un fonctionnement direct qui ressemble au mode TOR. Une variable contenant l'état du relai est affiché '**Action on a été réalisé**' si nous cliquons sur le bouton « relai ON » et elle affiche '**Action off a été réalisé**' si nous cliquons sur le bouton « relai OFF ». La figure III.17 montre ce mode de fonctionnement.

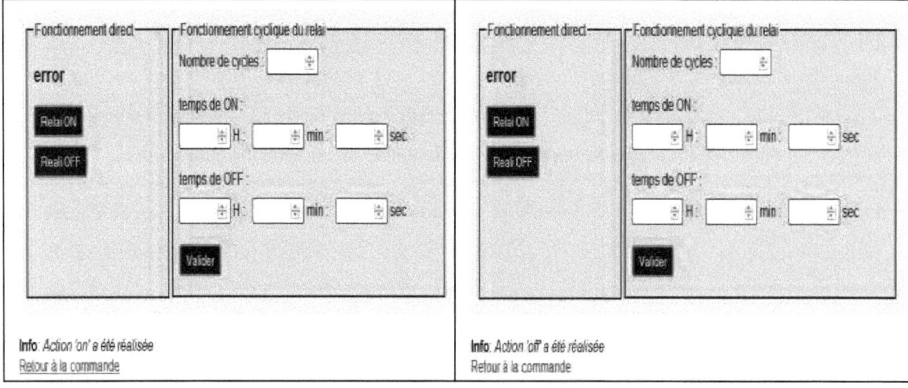

Figure III. 17: Mode cyclique avec l'option « info »

III.5.3. Mode temporel

La page « commande » offre aussi une autre option à son visiteur c'est le mode temporel. En fait c'est un autre bouton qui, si nous cliquons sur lui, nous amène à une autre page contenant une interface permettant de commander nos équipements électriques dans une intervalle de temps bien déterminé.

Pour ce faire, chaque utilisateur n'a que remplir les cases « Relai ON » et « Relai OFF » respectivement par le temps d'allumage et le temps d'éteinte. Puis il valide en cliquant sur le bouton valider. Lorsqu'il veut arrêter complètement ce mode, il peut cliquer sur le bouton arrêter.

La figure III.18 présente l'interface du mode temporel pour chaque relai.

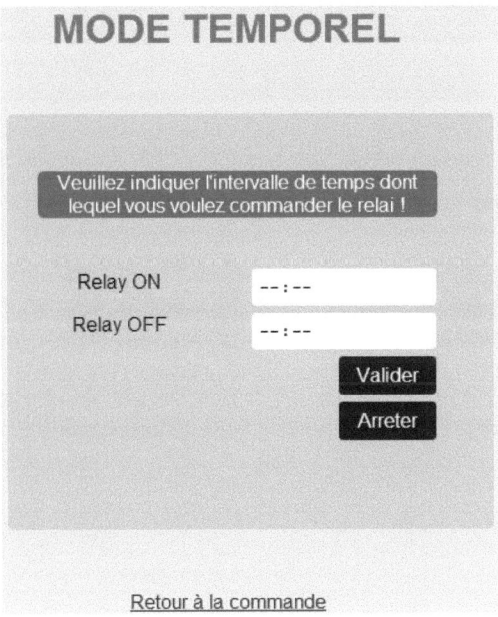

Figure III. 18: Interface du mode temporel

III.5.3. Mode « Slider » (variateur de lumière)

Nos chers clients ont besoin souvent de varier la luminosité des lampes existantes dans leurs chambres. Donc notre système de contrôle domotique associé au présent site web eux permet de faire varier le degré de luminosité (éteint, très faible, faible, moyenne, fort, maximum). Ceci à l'aide d'une interface contenant un « slider » (curseur). Donc notre client n'a que varier ce « slider » et cliquer sur le bouton valider pour voir le résultat. Les figures III.19 et III.20 montrent la variation en utilisant le « slider ».

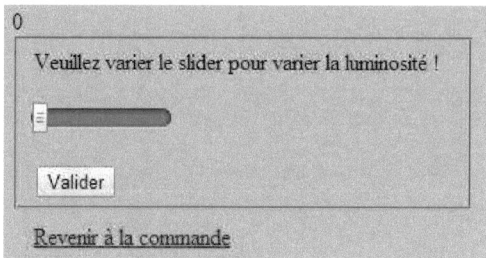

Figure III. 19: Mode « slider »

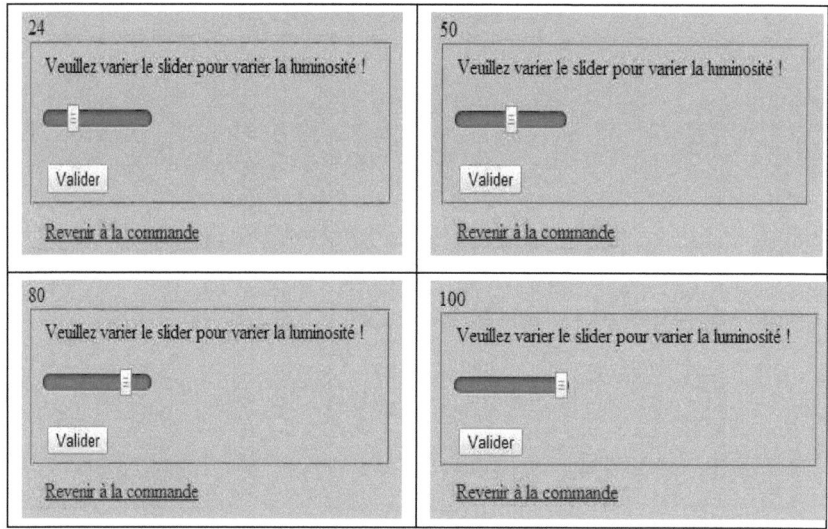

Figure III. 20: Variation du « slider »

III.5.3. Mode commande de la porte

Pour finir avec la page de commande, notre client a la possibilité de commander les portes de son domicile. Donc, en cliquant sur le bouton « Commander la porte » l'interface illustrée par la figure III.21 s'ouvre. Un simple clic sur le bouton « open door » permet l'ouverture de la porte et un autre clic sur le bouton « close door » permet sa fermeture.

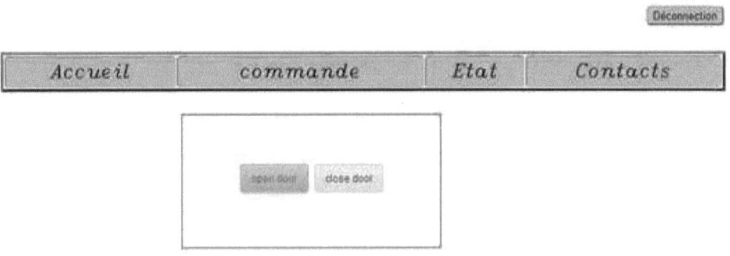

Figure III. 21: Page commande porte

III.6. Présentation de la page état

Suite à notre commande, Si nous souhaitons observer le résultat sur le site web il suffit de cliquer sur le lien « Etat ». Ce dernier nous amène à la page de la figure III.22.

Cette page comprend un tableau qui est constitué de trois colonnes : la première colonne contient le nom des différents périphériques, le deuxième contient le numéro du GPIO correspondant et la dernière colonne montre l'état des différents périphériques.

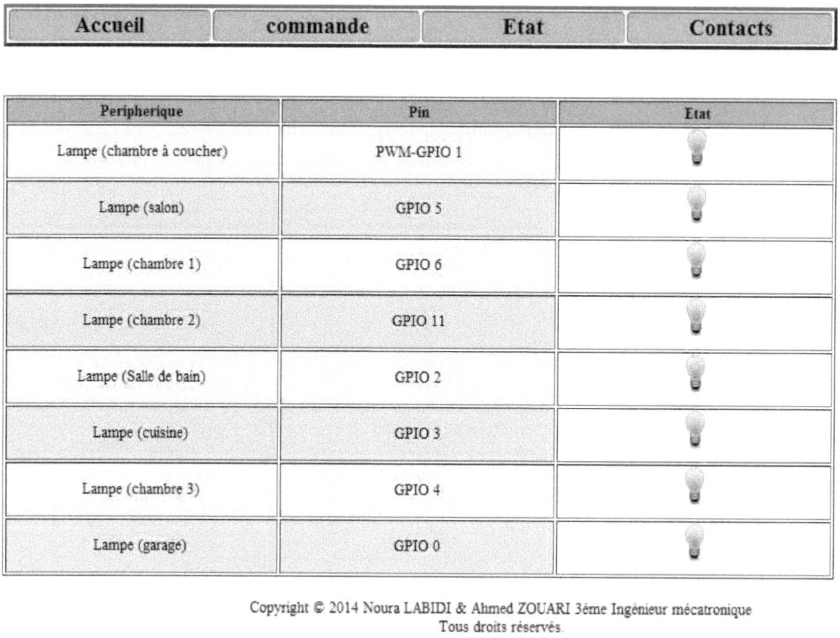

| Accueil | commande | Etat | Contacts |

Peripherique	Pin	Etat
Lampe (chambre à coucher)	PWM-GPIO 1	
Lampe (salon)	GPIO 5	
Lampe (chambre 1)	GPIO 6	
Lampe (chambre 2)	GPIO 11	
Lampe (Salle de bain)	GPIO 2	
Lampe (cuisine)	GPIO 3	
Lampe (chambre 3)	GPIO 4	
Lampe (garage)	GPIO 0	

Copyright © 2014 Noura LABIDI & Ahmed ZOUARI 3éme Ingénieur mécatronique
Tous droits réservés.

Figure III. 22: La page état des périphériques

III.7. Présentation de la page contacts

En outre, notre cher client, au moment où il confronte n'importe quel problème ou quelques choses qu'il n'arrive pas à les comprendre, il n'a que cliquer sur le lien «contacts» et remplir le formulaire de contact qui apparait dans la figure III.23, donc il est sensé d'indiquer son nom et son prénom, son email, son sujet, son message et le résultat de la somme de '1+3 = 4' puis il doit valider en cliquent sur le bouton « envoyer ».

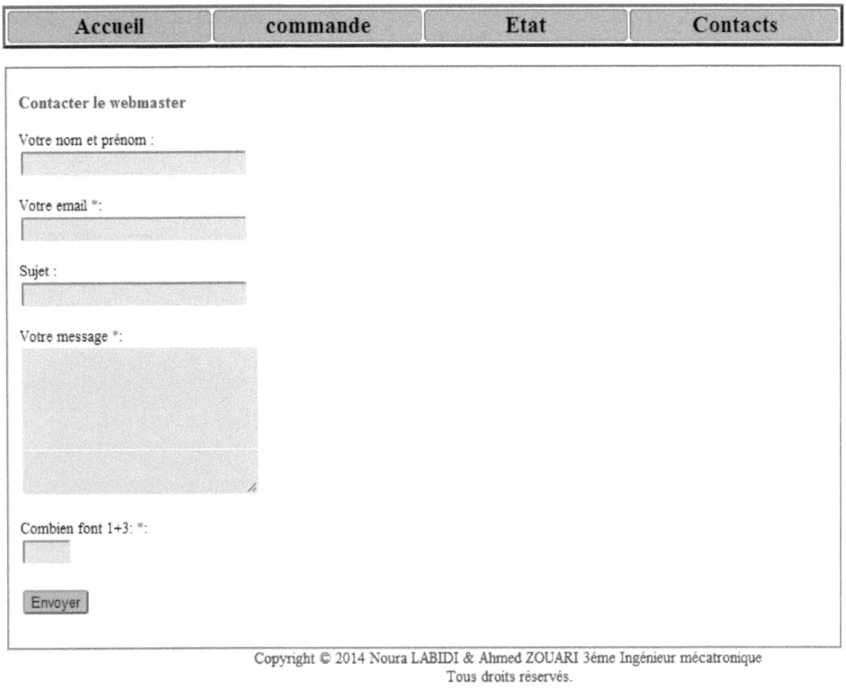

Figure III. 23: Page de contacts

Lors de l'envoi de formulaire dans cette page html, nous avons réalisé des scripts PHP envoyant automatiquement des mails vers l'adresse courriel de l'administrateur (webmaster). L'envoi des emails se réalise par un serveur SMTP qui prendra en charge l'envoi après avoir construit l'email en script PHP. L'envoi du mail s'exécute par la fonction mail (« **adresse de destination** », « **intitulé du mail** », « **contenu du message** », « **l'en-tête de l'email** »).

III.8. Déploiement du site sur le net (NAT modem port forwarding)

Parfois, il y aura un besoin pour accéder à votre système depuis l'extérieur de votre réseau local (LAN). C'est pourquoi il faut rendre la raspberry pi visible à l'extérieur de votre réseau domestique (connexion internet), c'est à dire que Raspberry pi doit avoir une adresse IP WAN. L'adresse IP WAN est effectivement attribuée au routeur, elle est dynamique c'est-à-dire qu'à chaque fois que nous redémarrons le serveur, notre adresse IP WAN sera changée.

Donc il faut transmettre le port utilisé par l'application à l'adresse IP LAN. Cela signifie, tout appel au port particulier à partir d'internet à notre adresse IP WAN est transmis à l'adresse IP du réseau local de Raspberry Pi. Donc nous montrons dans ce qui suit et à travers la figure III.24 comment transmettre le port 80 (qui est utilisé par le serveur Web).

Aller à http://192.168.1.1 (l'adresse par défaut de votre routeur) Connectez-vous avec votre nom d'utilisateur et mot de passe. Par défaut est «admin» Sur le volet de gauche, cliquez sur NAT puis cliquez sur Port Forwarding. (Cela varie d'un routeur à un routeur) Cliquez sur le bouton ADD, donner un nom à la règle (dans notre cas « RaspberryPI »). Tapez votre adresse IP de RaspberryPI LAN (exemple : 192.168.1.7). Choisissez le protocole TCP. Tapez 80 sur les champs des ports (internes et externes). Enfin cliquez sur save/apply.

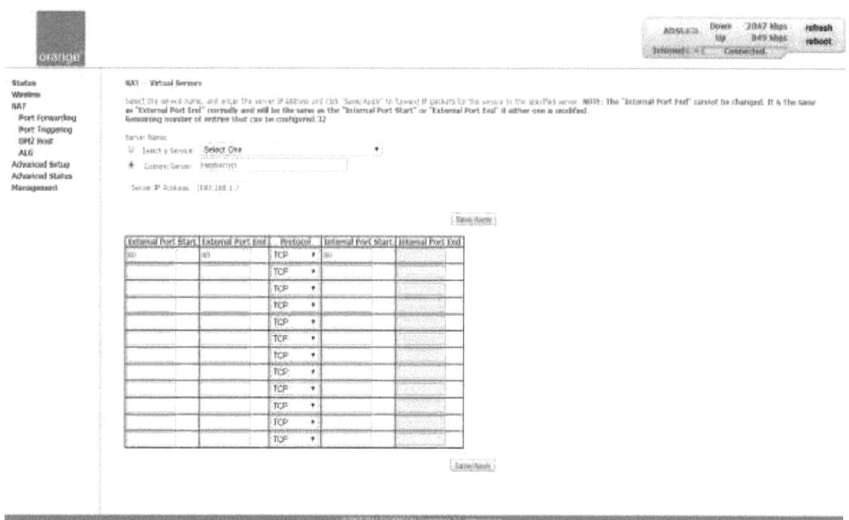

Figure III. 24: NAT modem port forwarding

III. Conclusion

Dans ce chapitre, nous avons présenté d'une façon détaillée, le travail réalisé lors de la création du site web. Notre objectif a été de réaliser une application web embarquée fonctionnelle qui répond aux termes définis dans le cahier des charges présenté dans le premier chapitre. À ce stade, certes nous n'avons pas mené à terme toutes les exigences de la domotique, mais nous avons réussi à implémenter au mieux les points les plus importants.

Chapitre IV: Validation Hardware/Software

Introduction

Dans ce dernier chapitre nous allons présenter les dernières parties réalisées dans le cadre de ce projet à savoir la réalisation des cartes électroniques (carte relais, carte variateur de lumière et carte commande porte) ainsi que les interfaces élaborées sous l'environnement « Qt Creator ». Nous allons présenter aussi les différents organigrammes qui traduisent la partie programmation.

I. Présentation de la carte relais

La réalisation de notre système domotique ne sera pas complète sans avoir préparé les cartes électroniques de commande qui ont pour rôle de recevoir les ordres de commandes du Raspberry Pi et les transmettre aux différents équipements électriques. Ainsi nous commençons par présenter la carte relais qui comprend la partie alimentation stabilisée, la partie variateur de lumière puis nous présentons une autre carte pour commander la porte.

II.1. Partie alimentation stabilisée

II.1.1. Présentation et simulation

Dans le but de fournir le 5V au « Raspberry Pi » et aux différents relais de notre carte de commande, nous sommes sensés de convertir la tension alternative provenant du réseau électrique en une tension continue de valeur stable et égale au 5V. Donc c'est le rôle du circuit présenté par la figure IV.1 que nous avons traité sous l'environnement Isis.

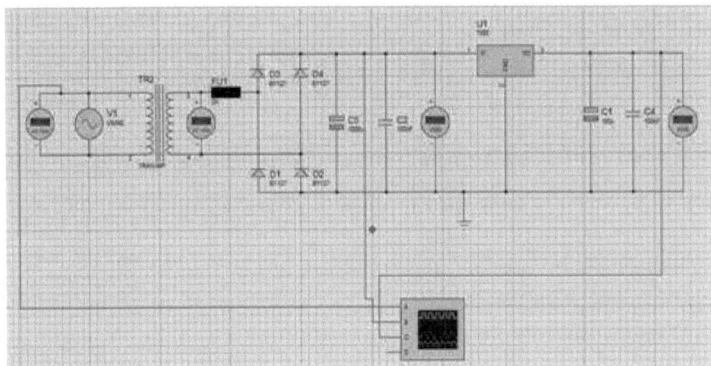

Figure IV. 1: Circuit alimentation stabilisée sur l'environnement ISIS

La simulation de ce circuit nous donne les courbes de la figure IV.2.

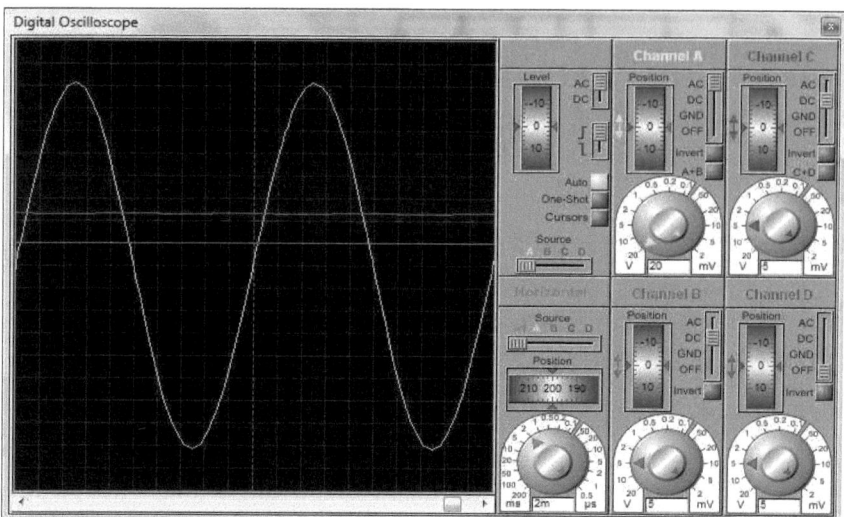

Figure IV. 2: Courbes de simulation des signaux de l'alimentation stabilisée

II.1.2. Interprétation

Le signal représenté par la chaine A est la tension d'entrée fournie par le réseau électrique est une tension alternative d'amplitude $\sqrt{2}*230V$ qui est représentée par le signal sur la chaine A. Pour abaisser et adapter cette tension aux composants utilisés nous avons utilisé un transformateur 230V/12V (~) et de puissance 30KVA. Donc à la sortie du transformateur nous obtenons le même signal mais d'amplitude $\sqrt{2}*12V$ qu'on le fait passer par un pont de GREATZ afin de le redresser en double alternance. Après filtrage avec les deux condensateurs nous obtenons un signal ondulé représenté par le signal de la voie B dans la figure IV.2. En fait le parallélisme de ces deux condensateurs sert à filtrer les parasites HF

L'ajout du régulateur 7805 sert à stabiliser la tension d'entrée à 5v (voir le signal de la voie C dans la figure suivante) et à compenser les appels de courant brusques à la sortie.

Pour finir, aux bornes du régulateur7805 nous plaçons un condo chimique en parallèle d'une céramique comme conseillé dans les DATASHEET pour les appels de courants et pour éviter les oscillations HF.

II.2. Circuit variateur de luminosité

II.2.1. Présentation

Nous avons précisé dans le chapitre précédent le circuit de variateur de lumière, son rôle ainsi que le choix de ses différents composants.

Dans ce présent chapitre, nous présentons ce circuit qui est illustré par la figure IV.3 et sa simulation avec l'environnement ISIS.

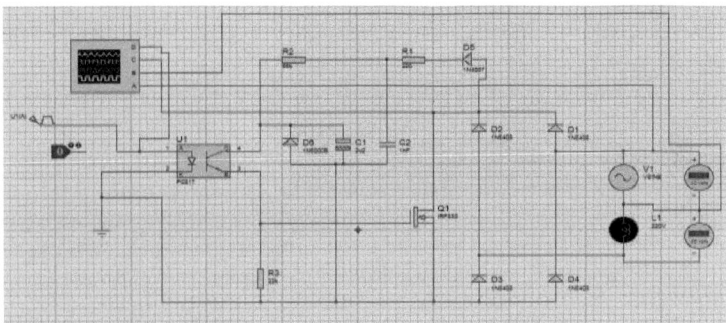

Figure IV. 3: Circuit variateur de lumière utilisé avec le microcontrôleur « Raspberry Pi »

II.2.2. Simulation et interprétation

En effet, nous avons besoin de simuler trois signaux :

- ➢ Le signal d'entrée venu du réseau électrique qui est un signal alternatif 230V. Donc ce signal est la différence entre les signaux de la voie B et de la voie A qui représentent les deux potentiels aux bornes de la tension d'entrée du réseau. La figure IV.4 montre que B - A= tension AV 230V.
- ➢ Le signal représenté par la voie D dans la figure IV.4 est un signal généré par la commande MLI « modulation de largeur d'impulsions » (PWM : Pulse Width Modulation). La gestion par PWM à travers un programme Raspberry Pi consiste à générer un signal à rapport cyclique variable variant entre 0 % et 100 %.

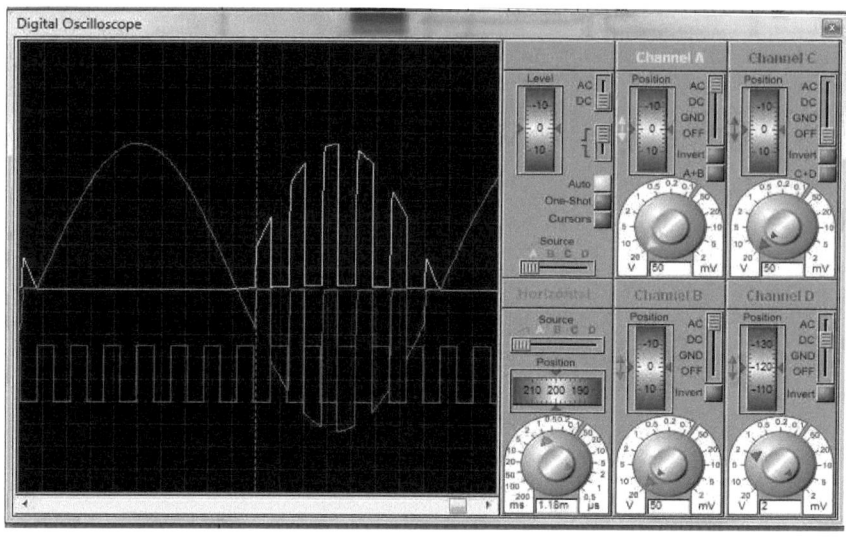

Figure IV. 4: Visualisation des signaux de la voie B et A

> Le signal redressé en double alternance à la sortie du pont du GREATZ. Mais ce signal subit la commande du MOSFET donc il devient redressé et hachuré. Il est représenté par la figure IV.5.

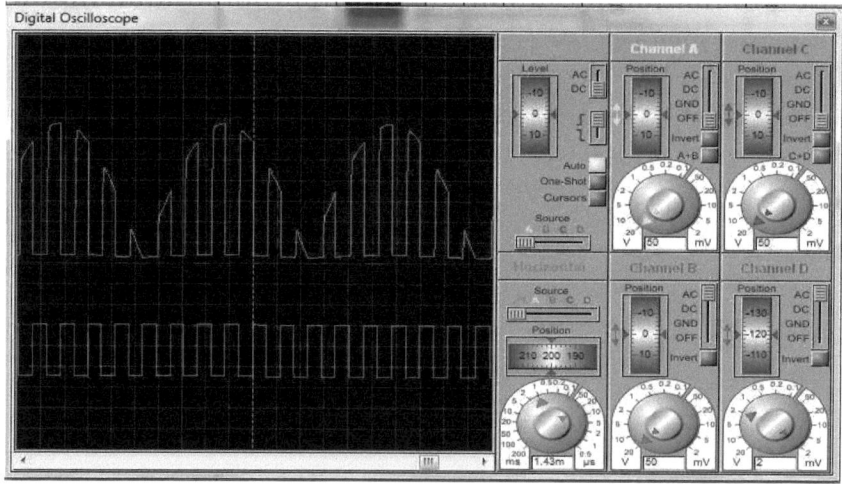

Figure IV. 5: Visualisation du signal redressé hachuré

> Le signal aux bornes de la lampe qui est un signal alternatif hachuré. Donc ce signal est la différence entre les signaux de la voie B et de la voie C qui représentent les deux potentiels aux bornes de la lampe. La figure IV.6 montre que B - A= tension de lampe. La variation de la luminosité de la lampe se fait à travers la variation du signal PWM signifie la variation de la valeur moyenne à chaque variation du rapport cyclique. Cette valeur moyenne est égale à la moyenne de différentes parties hachurées par période du signal de la lampe.

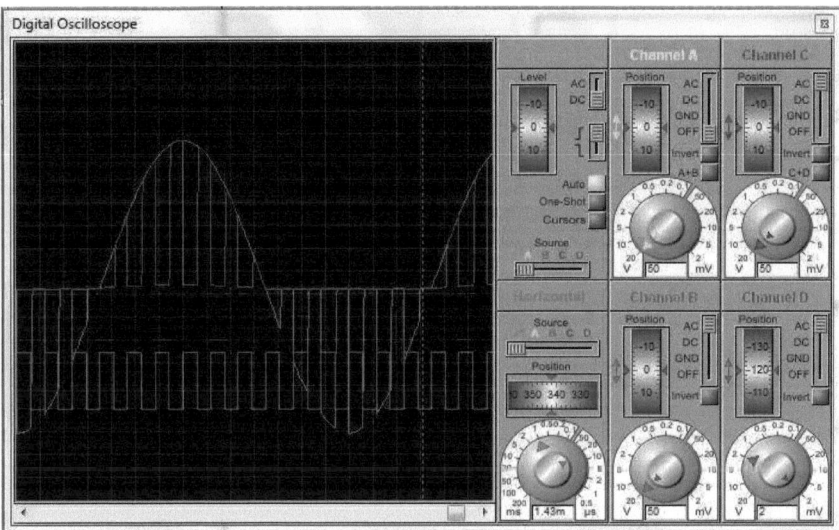

Figure IV. 6: Visualisation des signaux de la voie B et C

II.3. Circuit de commande moteur de la porte

II.3.1. Présentation

La figure IV.7 montre le circuit permettant de commander la porte et élaboré sous l'environnement ISIS.

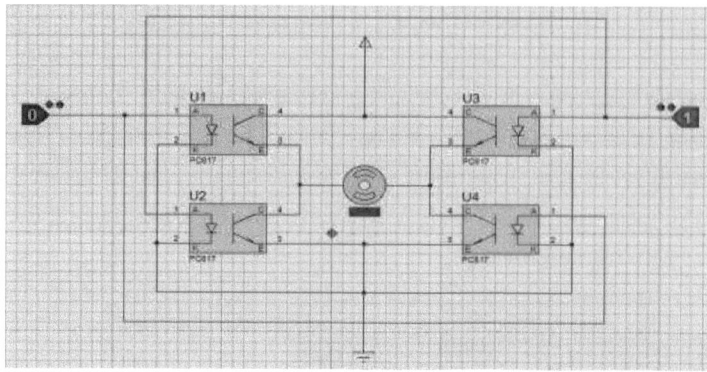

Figure IV. 7: Circuit de commande moteur de la porte

II.3.2. Simulation et interprétation

Il s'agit d'un hacheur quatre quadrants permettant de faire tourner le moteur dans deux sens : sens positif et sens négatif.

En simulant ce circuit et en cliquant sur le premier switcher, nous constatons que la tension aux bornes du moteur est positive et égale à 5v et par conséquent le moteur tourne dans le sens positif, par contre si nous cliquons sur le deuxième switcher la tension aux bornes du moteur devient négative et égale à -5v et par conséquent le moteur tourne dans le sens négatif. Sachant que le sens positif signifie ouverture de la porte et l'autre sens signifie fermeture de la porte.

II.4. Carte complète sur l'environnement EAGLE

II.4.1. Schéma structurel de la carte de commande sous EAGLE (schematic)

Pour réaliser le typon en vue de construire notre carte électronique de commande, nous représentons son circuit sous l'environnement EAGLE illustré par la figure IV.8 comme une première étape.

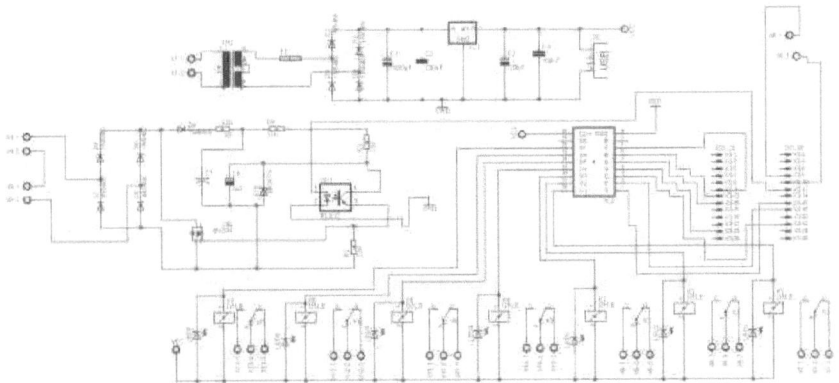

Figure IV. 8: Schéma structurel de la carte de commande

II.4.2. Typon (Board)

La seconde étape consiste à transformer le schéma structurel en typon tout en plaçant et routant, correctement, les composants existants. La figure IV.9 montre le PCB de notre carte qui est prête à l'impression sur calque et à la gravure au perchlorure de fer.

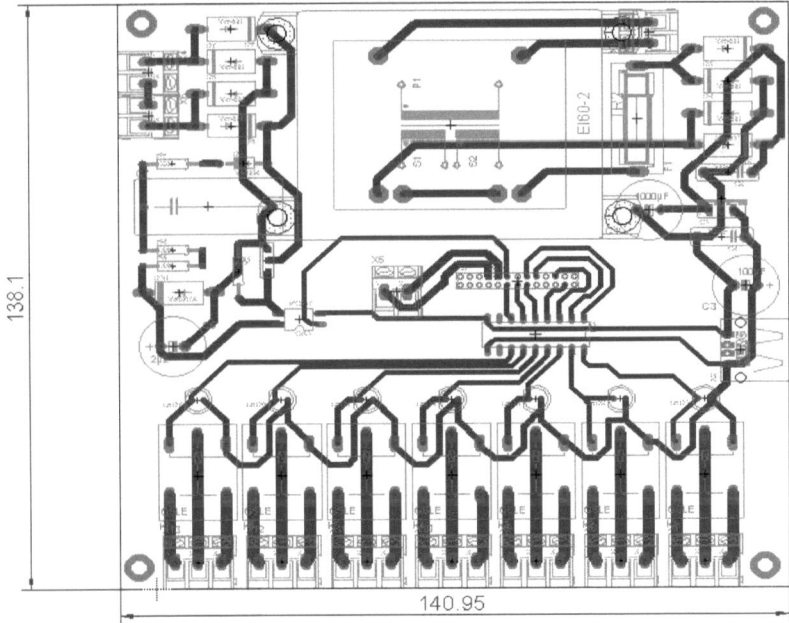

Figure IV. 9: Typon de la carte électronique de commande

II. Programmation

Nous utilisons le langage PHP pour programmer les différents modes de notre application. Dans ce qui suit nous présentons les organigrammes des différents programmes ainsi que les commandes les plus utilisés.

III.1. Mode TOR

La figure IV.10 présente l'organigramme qui traduit le programme de la commande d'un seul relai pour le mode TOR. En effet la programmation se fait en langage PHP. Dans chaque instruction nous devons ajouter la commande « **shell-exec()** » qui permet d'exécuter à distance sur Raspberry des commandes habituellement exécutées dans le terminal qui permettent d'agir sur l'état des GPIO, soit de l'activer en utilisant **(gpio write 'pin gpio' 1)** soit de le désactiver en utilisant la commande **(gpio write 'pin gpio' 0)**. Mais avant d'agir sur un GPIO il faut lire l'état d'une entrée sur le GPIO en utilisant avec **(gpio read 'pin gpio')** puis la vérifier avec la commande **preg-match**.

En fin, nous notons que le dossier /C:/Wamp/www contient l'ensemble de nos programmes web.

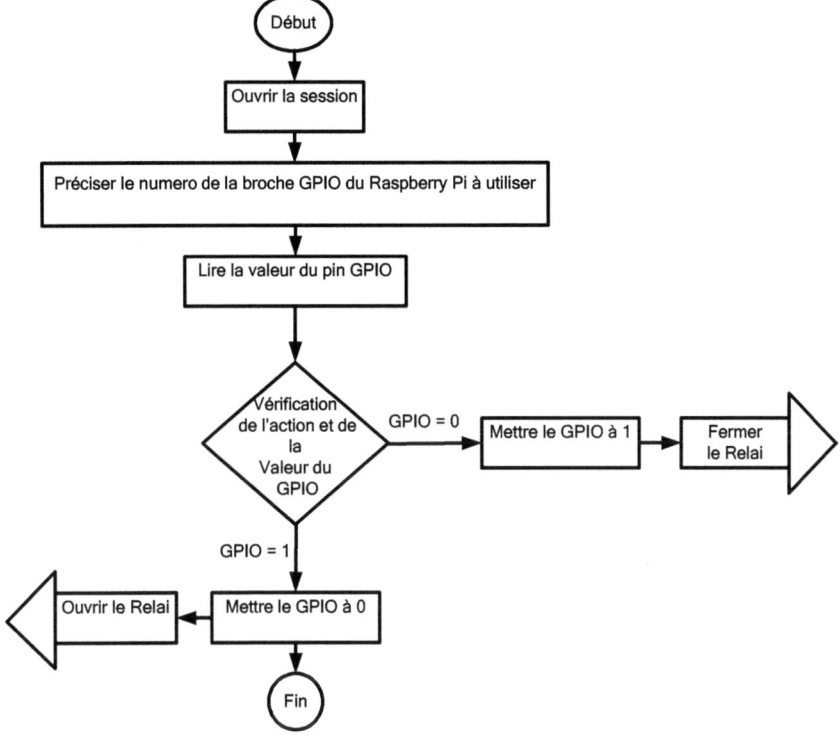

Figure IV. 10: Organigramme du programme permettant la commande d'un seul relai

(Mode TOR)

En outre, nous avons pu commander tous les relais simultanément, n'est pas seulement une seule à chaque fois, donc l'organigramme de la figure IV.11 explique le programme de ce mode de commande sachant que nous avons utilisé les mêmes commandes.

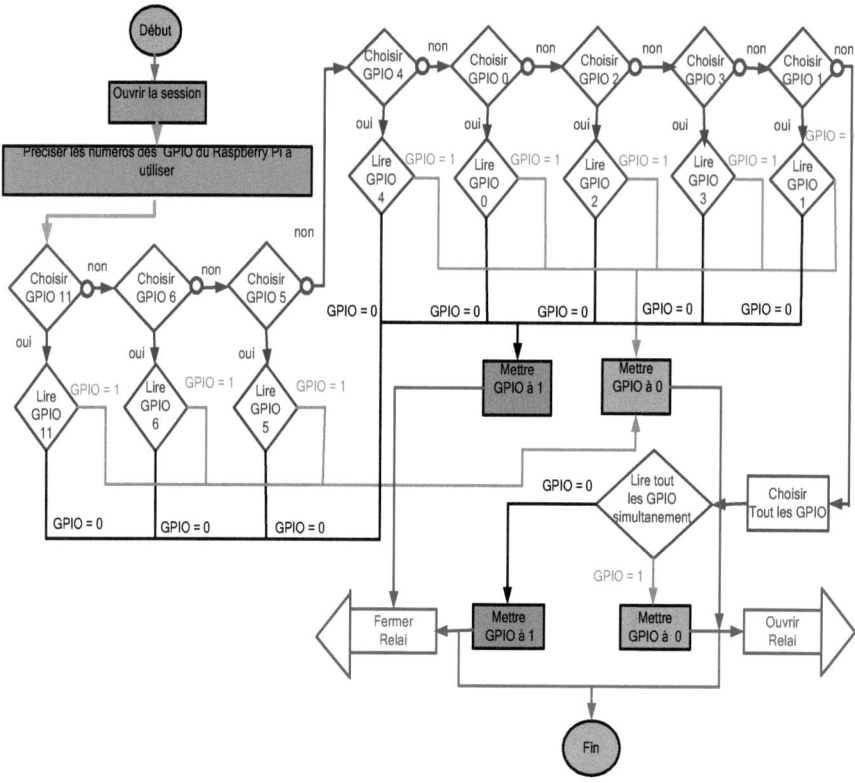

Figure IV. 11: Organigramme du programme permettant la commande d'un ou plusieurs relais (mode TOR)

III.2. Mode cyclique

Le programme permettant de commander les relais de façon cyclique se traduit par l'organigramme présenté par la figure IV.12.

En effet, à l'aide du langage HTML, CSS et JavaScript, nous avons préparé l'interface de la figure III.26 présentée dans le chapitre III et en utilisant le langage PHP nous avons rendu cette interface dynamique et fonctionnelle à l'aide des instructions traduites par l'organigramme de la figure IV.12.

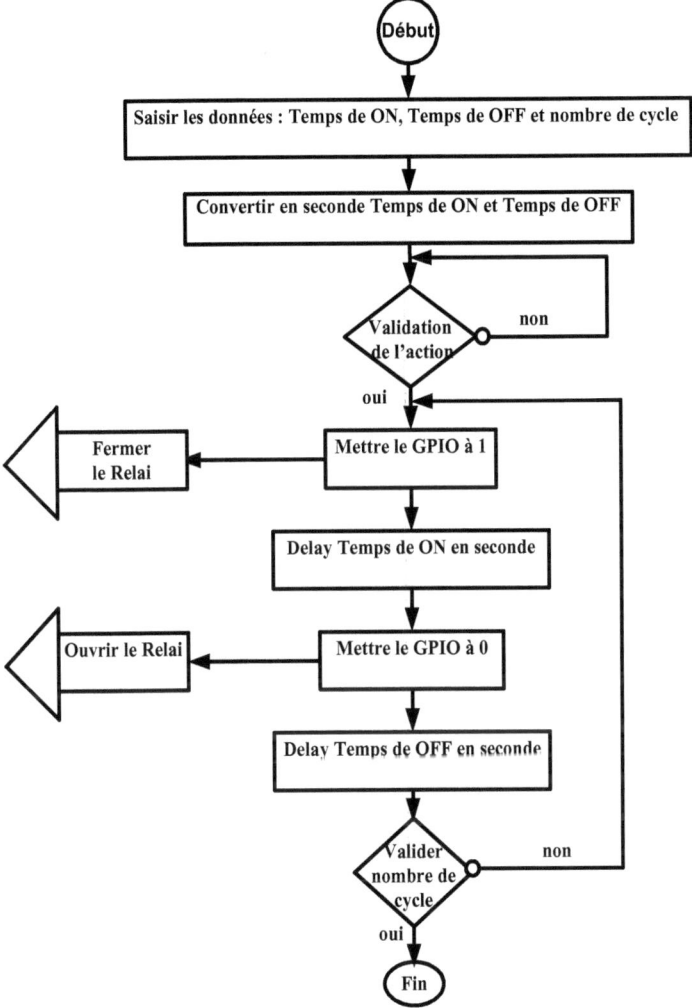

Figure IV. 12: Organigramme du mode cyclique

III.3. Mode temporel

Le programme permettant de commander les relais en mode temporel se traduit par l'organigramme de la figure IV.13.

En effet, à l'aide du langage HTML, CSS et JavaScript, nous avons préparé l'interface de la figure III.28 présentée dans le chapitre III et en utilisant le langage PHP nous avons rendu cette interface dynamique et fonctionnelle à l'aide des instructions traduites par l'organigramme de la figure IV.13.

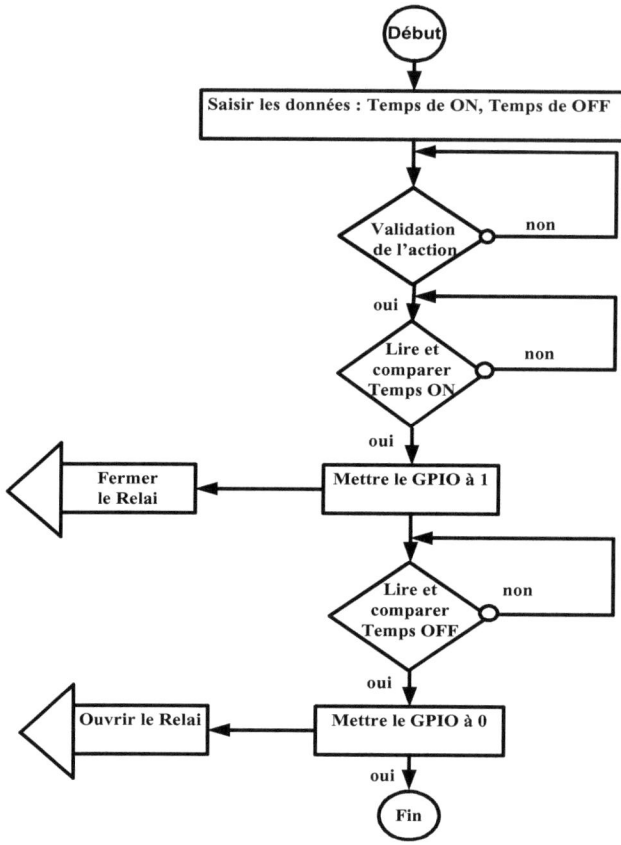

Figure IV. 13: Organigramme du mode temporel

III.4. Mode variateur de luminosité

Le programme permettant de varier la luminosité des appareils d'éclairages (les lampes) à partir d'un site web se traduit par l'organigramme de la figure IV.14.

En effet, à l'aide du langage HTML, CSS et JavaScript, nous avons préparé l'interface de la figure III.29 et III.30 présentée dans le chapitre III et en utilisant le langage PHP nous avons rendu cette interface dynamique et fonctionnelle à l'aide des instructions traduites par l'organigramme de la figure IV.14.

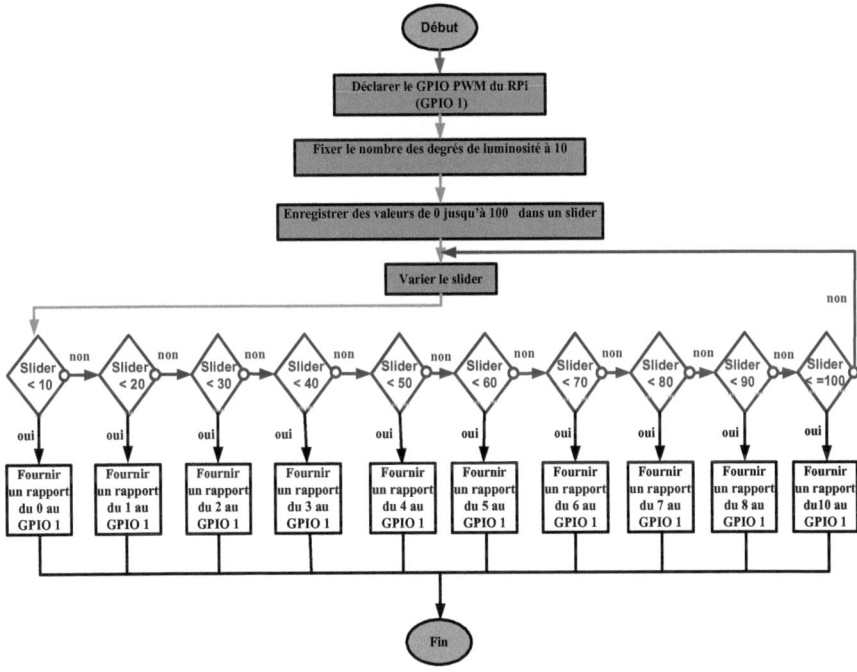

Figure IV. 14: Organigramme du programme variateur de lumière (Mode slider)

Le « Raspberry » possède une sortie PWM qui permet de générer un signal carré à rapports cyclique réglable. La valeur moyenne de ce signal permet d'obtenir des tensions comprises entre 0V et 3,3V.

Cette sortie PWM est accessible sur le GPIO1 (Pin7).

Les commandes qui permettent de gérer cette fonction PWM sont du type :
- Pour déclarer le pin GPIO1 en sortie PWM :**shell_exec ('gpio mode 1 pwm')**
- Pour lancer l'exécution : **shell_exec ('gpio pwm-bal')**
- Pour fixer la fréquence du signal PWM à 600: **shell_exec ('gpio pwmr 1 600')**

Ensuite nous enregistrons des valeurs comprises entre 0 et 100 dans un slider et à chaque fois nous répétons le même test montré par l'organigramme de la figure IV.14.

III.5. Mode commande porte

Le programme permettant de commander les portes de nos maisons à distance se traduit par l'organigramme de la figure IV.15.

En effet, à l'aide du langage HTML, CSS et JavaScript, nous avons préparé l'interface de la figure III.31 présentée dans le chapitre III et en utilisant le langage PHP nous avons rendu cette interface dynamique et fonctionnelle à l'aide des instructions traduites par l'organigramme de la figure IV.15.

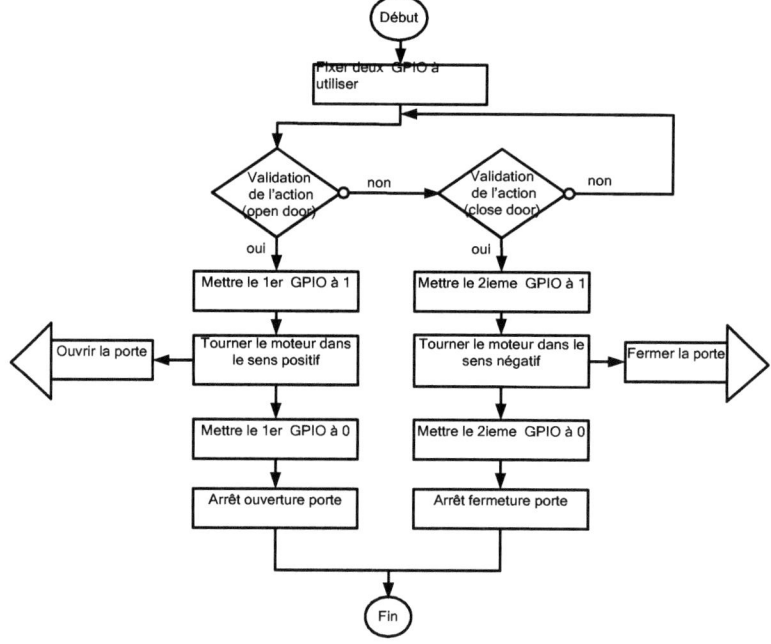

Figure IV. 15: Organigramme du programme commande porte

III. Partie « Qt Creator »

IV.1. Les interfaces élaboré sous l'environnement « Qt Creator »

Nous représentons dans les figures IV.16, IV.17 et IV.18 les interfaces que nous avons faites à l'aide du Qt Creator pour pouvoir commander nos domiciles à distance sans internet et via un écran tactile. Donc il s'agit de trois interfaces : Mode TOR pour les huit relais, mode ''slider'' (variateur de lumière) et un calendrier.

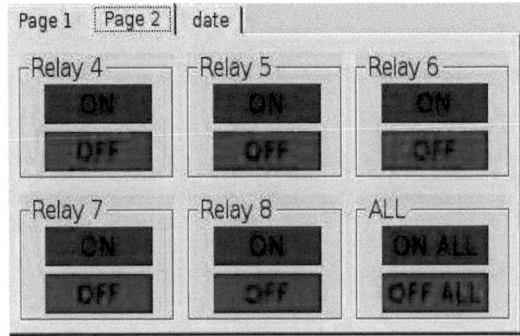

Figure IV. 16: Interface Qt (page 2)

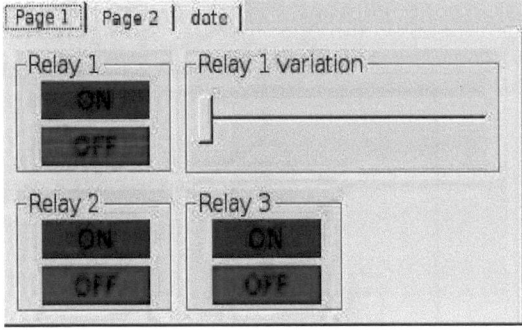

Figure IV. 17: Interface Qt (page 1)

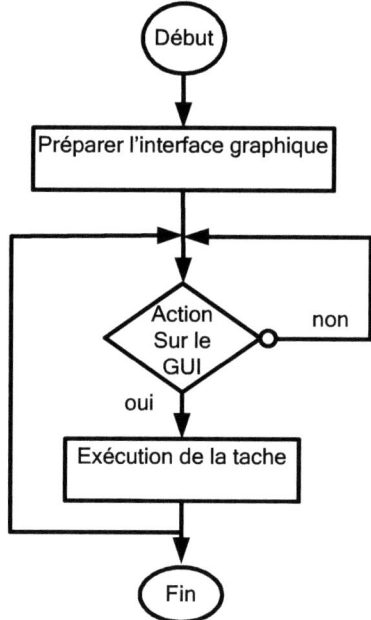

Figure IV. 18: Interface Qt (date)

IV.2. Organigramme d'exécution des programmes « Qt Creator »

L'organigramme de la figure IV.19 montre le principe de la programmation avec le logiciel Qt Creator. En effet, la première étape consiste à dessiner l'interface graphique, puis avec un simple clic droit sur chaque élément de cette interface nous nous sommes demandés d'ajouter les fonctions permettant l'action exactement le même avec le HTML et le PHP.

Figure IV. 19: Organigramme de la programmation avec « Qt Creator »

IV. Conception d'un prototype d'une maison

V.1. Conception AUTOCAD

Pour tester notre système de contrôle domotique, nous avons préparé un petit prototype d'une maison. En revanche, notre produit est destiné, comme nous avons déclaré dans le premier chapitre à toutes les maisons, les hôtels, les municipaux, les administrations, etc.

La figure IV.20 représente le plan de cette maison sur le logiciel AUTOCAD.

Figure IV. 20: Plan de la maison avec AUTOCAD

V.2. Réalisation du prototype

La figure IV.21 est l'image de la réalisation du prototype de la maison. Donc il s'agit de deux chambres à coucher, un salon, une cuisine, une salle de bain, une terrasse et un garage.

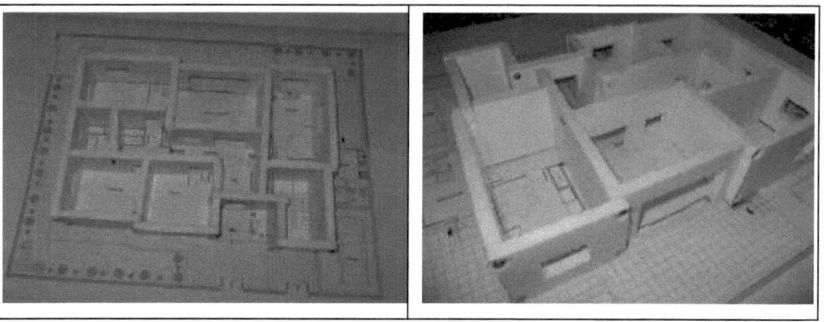

Figure IV. 21: Prototype d'une maison

V. Réalisation du système de contrôle domotique

VI.1. Présentation du système complet

Une fois que les cartes électroniques et le « Raspberry Pi » sont prêtes, nous les plaçons dans un petit boitier en plastique comme montre la figure IV.22 sans oublier de placer l'écran tactile dans la face avant de ce boitier et de cette façon notre système de contrôle domotique est prêt à la commercialisation et à l'utilisation.

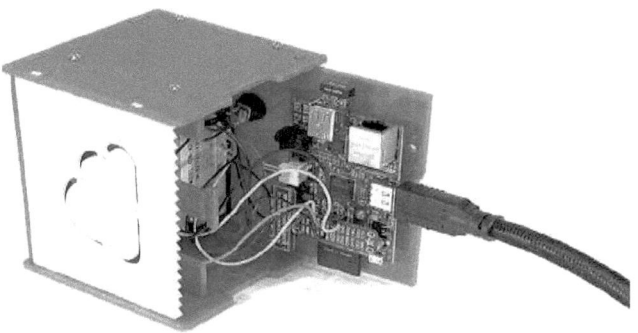

Figure IV. 22: Système de contrôle domotique complet

VI.2. Test et validation

Les figures IV.23 et IV.24 constituent des exemples de test et permettent de valider le bon fonctionnement du notre système de contrôle domotique.

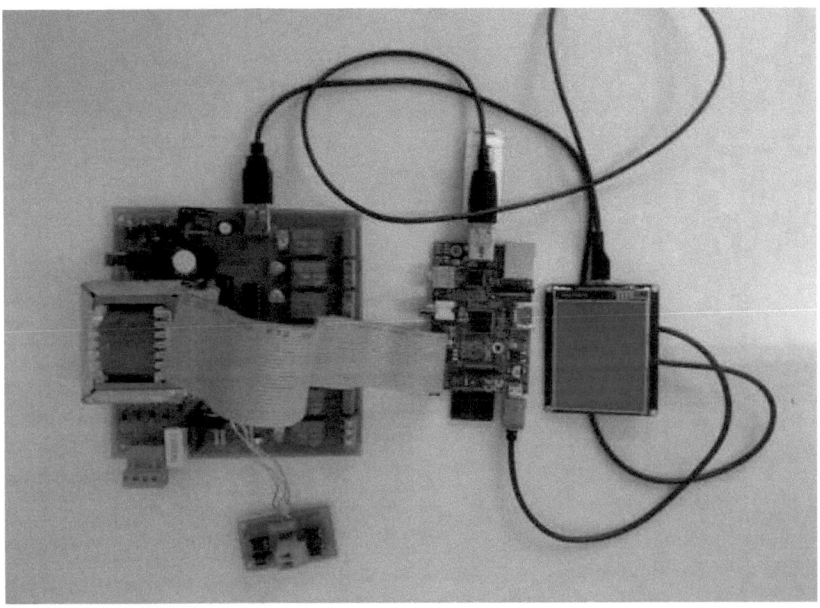

Figure IV. 23: Carte relai branché avec le « Raspberry Pi » et l'écran tactile

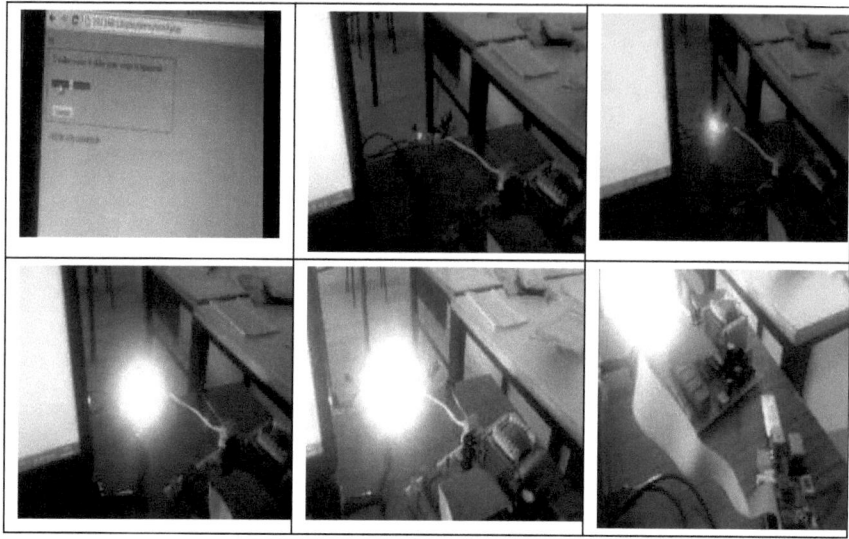

Figure IV. 24: Des exemples de test du mode variateur de lumière

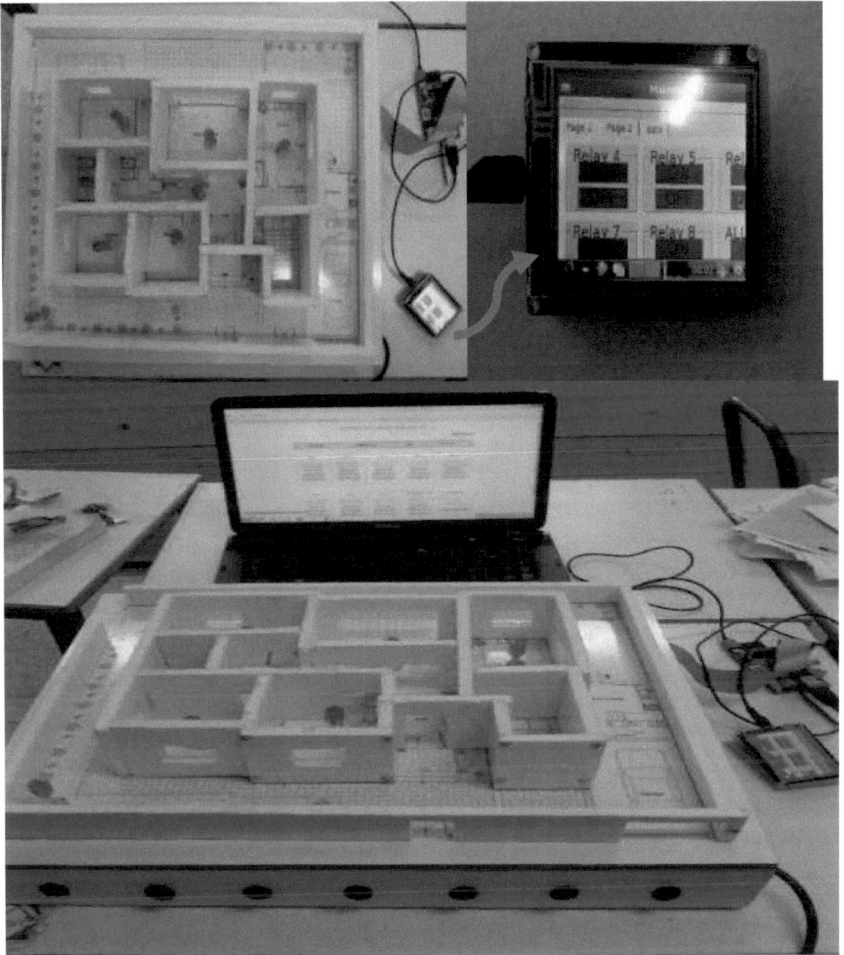

Figure IV. 25 : Des exemples de test de la commande avec l'écran tactile

VI. Conclusion

Ce dernier chapitre a été consacré à la présentation des cartes électroniques ainsi que les organigrammes traduisant l'aspect dynamique du site web créé et présenté dans le précédant chapitre. Nous avons aussi présenté les interfaces traitées sous l'environnement « Qt Creator » et le plan du prototype de la maison que nous avons utilisé pour tester le bon fonctionnement de notre système.

Conclusion générale et perspectives

Dans ce projet, nous avons accompli, avec succès, les tâches demandées dans le cahier des charges. En effet, notre projet consiste à concevoir et réaliser un système de contrôle domotique.

Ainsi, nous avons conçu une partie software consistant en la création d'un site web dynamique nécessaire pour commander nos habitations à distance.

De même, nous avons réalisé une partie hardware qui sera complémentaire au site crée. Cette partie comportait la réalisation d'une carte électronique de commande qui permet de recevoir les ordres de commande à partir du site et les transférer par la suite aux équipements électriques existants dans nos domiciles.

Dans ce rapport, nous avons bien essayé de décrire et d'expliquer, d'une part, les détails de la création du site web, et d'autre part, de bien présenter et d'interpréter la carte électronique conçue.

En plus, un tutoriel sur la carte de développement « Raspberry Pi », utilisé dans ce projet, a été élaboré en précisant ses différents composants et ses caractéristiques ainsi que sa configuration pour la mettre en marche.

Bien que les principaux objectifs de notre projet soient atteints, l'application que nous avons développé pourrait être enrichie par d'autres fonctionnalités avancées et des améliorations peuvent être envisagées pour l'enrichir tel que l'extension du nombre de relais car nous avons utilisé huit relais qui sont suffisants seulement pour commander huit périphériques, ainsi que l'intégration d'un bus domotique au lieu d'une installation électrique conventionnelle comme le bus KNX qui offre une flexibilité maximale. Nous pouvons aussi ajouter d'autres options et d'autres modes à notre application et profiter le plus possible des avantages de « Raspberry Pi » notamment l'ajout d'une caméra à notre système ainsi qu'un module de reconnaissance vocale, etc. Il résulte de ce qui précède que plusieurs modifications pourraient être apportées à notre projet pour améliorer son fonctionnement.

Le présent projet était une expérience très enrichissante et bénéfique pour nous. Il nous a permis d'approfondir nos connaissances, d'augmenter nos compétences dans plusieurs domaines, d'épanouir nos capacités de communication dans un environnement professionnel vu que nous avons pu apprendre davantage le travail au sein de l'équipe et ainsi appréhender l'aspect humain, le sens de l'écoute, défendre nos idées, partager le travail et prendre les initiatives.

Donc pour mener à bien notre projet il nous a fallu faire preuve de la persévérance et de la patience.

Enfin, nous souhaitons que ce modeste travail apporte satisfaction aux membres du jury et à toute personne intéressée, de près ou de loin.

Bibliographies

[1] : Site officiel de la société RAI, www.rai-tn.com, consulté le 19/03/2014.

[2] : Oussama SAIDI, Projet fin d'étude d'ingénieur, Conception et réalisation d'une solution domotique 'IHOME', Institut Privées Polytechnique des Sciences Avancées de Sfax (IPSAS), 2012-2013.

[3] : Christophe VILLENEUVE, PHP et MySQL- MySQLi-PDO construisez votre application, Editions ENI, ISBN: 978-2-7460-4121-9, Février 2008.

[4] : Mathieu Nebra (Mateo21), Concevez votre site web avec PHP et MySQL, OPENCLASSROOMS, dernière mise à jour le 26/07/2013.

[5] : http://fr.openclassrooms.com/, consulté le 02/04/2014.

[6] : http://www.raspberrypi.fr/, consulté le 03/04/2014.

[7] : http://lea-linux.org/documentations/Pr%C3%A9sentation_du_Raspberry_Pi, consulté le 11/04/2014.

[8] : http://www.dfrobot.com/image/data/DFR0275/rpusbdisp_datasheet_en.pdf, consulté le 28/04/2014.

[9] : A. Madani, (madaniabdellah@gmail.com), Génie logiciel UML : Unified Modeling Language.

Annexes
Annexe 1

Exemples de produits de la société 'RAI' (Exemples de réalisation)

La figure 1 présente quelques exemples de produits finis que soit la société RAI s'occupe juste d'assembler leurs différentes parties soit elle prend la main de les produire de A à Z.

La figure 1. (a) présente un PCBA (Printed Circuit Board Assembly)

La figure 1. (b) présente une carte d'interfaces.

La figure 1. (c) et 1. (d) présentent des câbles de connexion.

La figure 1. (f) présente des cabinets câblés.

La figure 1. (g) présente des relais.

La figure 1. (h) présente des solénoïdes.

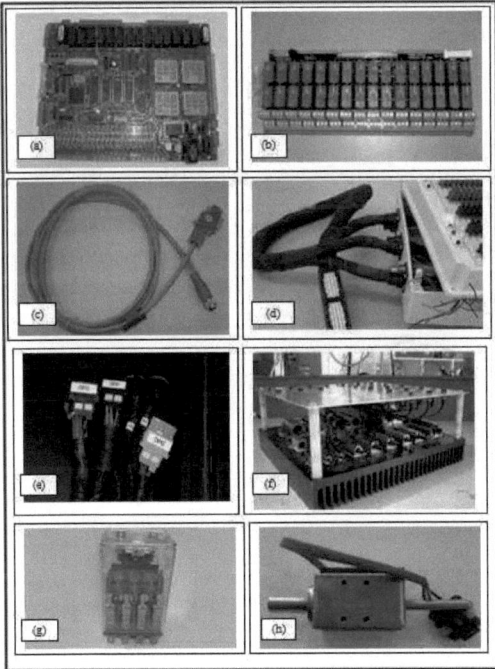

Figure 1 : Exemples de réalisations au sein de la société RAI

Annexe 2

I. Présentation des composants et des accessoires du Raspberry Pi

Nous allons présenter dans les figures 1, 2 et 3 les principaux composants, les périphériques et les accessoires de « Raspberry Pi ».

I.1. Présentation des composants du Raspberry Pi

La carte « Raspberry Pi » est composée par plusieurs éléments et unités électroniques comme le montre la figure 1 :

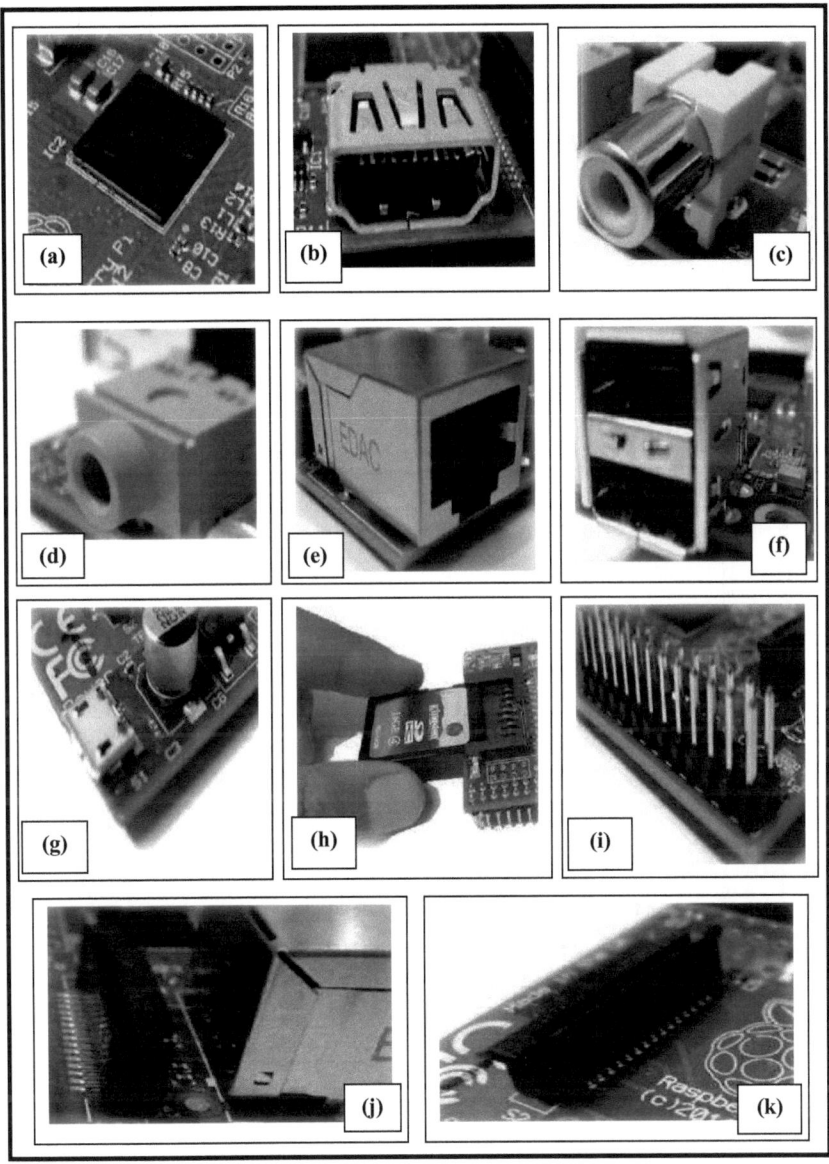

Figure 1: Les composants du « Raspberry Pi »

(a) Le processeur ARM 11

Les concepteurs du Rasperry Pi ne font pas un ordinateur à un faible prix sans faire de concessions. En effet, ils ont fait un choix stratégique lorsqu'ils ont utilisé un processeur ARM. Ce dernier est une architecture de processeurs qui est très appréciée dans le milieu de l'embarqué pour son bon rapport performance/consommation. On trouve des ARM dans les téléphones, les tablettes, mais aussi depuis de très nombreuses années dans les décodeurs, les voitures, les lecteurs MP3, les routeurs, modems, points d'accès wifi, les imprimantes, et beaucoup d'autres appareils embarquant un processeur. Ils sont peu chers, consomment peu, et on en trouve toute une gamme de diverses puissances. Le processeur ARM est souvent décrit comme l'une des plus belles implantations du concept RISC qui a un simple principe: limiter le nombre d'instructions du processeur pour qu'elles s'exécutent en un minimum de temps. Donc il s'agit d'un processeur BCM2835 qui fait partie de la génération de processeurs ARM nommée ARM11, c'est un processeur mono-cœur cadencé à 700MhZ qui ne permet d'exécuter qu'une seule instruction à la fois qui lui est donnée par le système d'exploitation. Cela reste faible mais il très probable qu'une future génération de Raspberry Pi aura un processeur plus puissant ouvrant encore plus d'usage.

(b) Port HDMI

Le High Definition Multimedia Interface (HDMI) (en français, Interface Multimédia Haute Définition) est une norme et interface audio/vidéo qui permet de relier une source audio/vidéo d'un ordinateur ou une console de jeu à un dispositif compatible tel un téléviseur HD ou un vidéoprojecteur. Nous utilisons le port HDMI du Raspberry Pi afin de le brancher à un écran ou téléviseur bien évidemment à l'aide d'un câble HDMI.

(c) Sortie vidéo RCA

Elle a la même fonction que la sortie HDMI sauf qu'elle est utilisée avec les anciennes versions des télévisions.

(d) Sortie Audio stéréo JACK 3.5 mm

(e) Port Ethernet

C'est dans ce port que nous branchons le câble Ethernet afin de procurer le net au Raspberry Pi, l'autre bout du câble sera bien entendu branché à un routeur.

(f) Port USB

C'est dans ce port que nous pouvons brancher une souris, un clavier, dongle wifi ou tout autre appareil média comme un USB flash disk.

(g) MicroUSB

Il sert à alimenter le raspberry en 5v via le câble micro USB.

(h) Entrée SD card (SDcard slot)

C'est un petit compartiment qui se trouve sous la carte Raspberry Pi pour placer la fameuse carte SD (SD card).

(i) Les broches GPIO

GPIO, cela signifie **G**eneral **P**urpose **I**nput/**O**utput, soit entrées-sorties à usage général. Les GPIO sont des broches qui permettent de connecter sur le Raspberry Pi des composants électroniques comme les diodes, les transistors, les LEDS ou brancher divers dispositifs et d'avoir la possibilité de contrôler ces composants électroniques ou d'acquérir des mesures de capteurs. En d'autres termes, nous pouvons envoyer (sortie) ou recevoir des données (entrée) par ces broches. Ce connecteur GPIO dispose de différents types de connexion :

- ✓ des broches utilisables en entrée ou sortie numérique qui sont commandées en tout ou rien GPIO (qui prennent la couleur verte dans la figure 2).
- ✓ deux ports I2C permettant de se connecter sur du matériel en utilisant uniquement 2 broches/pins de contrôle.
- ✓ un port série (broches Rx et Tx) pour la communication avec les périphériques séries.
- ✓ des broches pouvant être utilisées en PWM ("Pulse Width Modulation") permettant le contrôle, par exemple de moteurs ou de servo moteurs PWM (GPIO 18).
- ✓ une interface SPI pour les périphériques SPI (Serial Peripheral Interface) comme le convertisseur analogique/numérique MCP3008 ou le nRF24L01 (transmission sans fil a 2.4G).

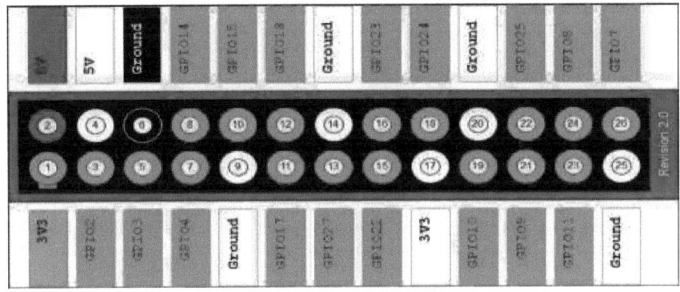

Figure 2: les GPIO du Raspberry Pi

En ce qui concerne notre projet, nous allons utiliser les « GPIO » pour envoyer les ordres de commande aux relais qui contrôlent à leur tour les équipements électriques de nos maisons.

(j) Entrée CSI Camera (CSI Camera input)

C'est l'endroit pour monter les cameras de haute précision, elle est fabriquée précisément pour le Raspberry Pi.

(k) Entrée DSI Display

Il est utilisé pour relier les écrans tactiles comme celles utilisés dans les Smartphones et les tablettes.

I.2. Présentation des accessoires nécessaires pour Raspberry Pi

Pour faire fonctionner un « Raspberry Pi » nous avons besoin essentiellement des accessoires schématisés dans la figure 3.

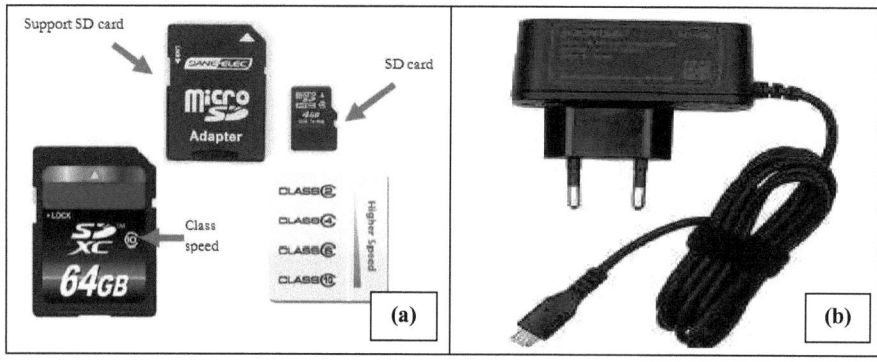

Figure 3: SD card, son support et ses différentes classes (a), Chargeur micro-USB (b)

(a) Carte mémoire SD (SD card)

Un Raspberry Pi ne peut pas se démarrer sans la carte SD qui va contenir son système d'exploitation « Raspbian ». La fondation recommande une carte d'au moins 4 Go et de classe 4 minimum [1]. Cette carte représente la mémoire morte sur le Raspberry Pi, exactement comme un disque dur d'ordinateur. C'est donc là-dessus que sera stocké le système d'exploitation, et à priori, les documents, les photos, musiques, vidéos…

Les cartes mémoires se trouvent dans le marché sous différentes catégories de classes comme il est illustré dans la figure II.7 (a). Plus la carte sera rapide, plus le système sera rapide à charger. Pour atteindre la rapidité de fonctionnement il est conseillé d'utiliser une carte de classe supérieure ou égale à classe 4 et de capacité minimale de 8 GO.

Pour notre projet nous allons utiliser une carte mémoire de classe 4 et de capacité 16 GO.

(b) Un chargeur micro-USB

En cas d'absence d'une alimentation par le port USB d'un ordinateur ou d'une télévision, il faut utiliser une alimentation USB dédiée. La fondation recommande d'utiliser un chargeur fournissant une tension de 5 volts (V) et une intensité d'au moins 700 milliampères (mA) [6].

Figure 4: Câbles et accessoires de Raspberry Pi

(c) : clavier et souris USB standard, (d) : Télévision ou écran, (e) : Câble HDMI

Pour interagir avec le Raspberry Pi on la branche sur un écran à l'aide d'un câble HDMI, donc un clavier est indispensable pour manipuler le RPi en mode texte. La souris devient très utile si on passe du mode texte au mode graphique, mais il est parfaitement possible d'utiliser le Raspberry pi sur nos PC sans le relier à un clavier, ni souris ni écran en activant la commande SSH lors de sa configuration.

(f) : module camera

Le module Caméra pour Raspberry Pi est raccordé sur le Pi par l'intermédiaire d'un des deux connecteurs montés en surface sur la carte du Pi. La caméra se branche à l'aide de l'interface CSI dédicacée, prévue spécialement à cet effet. Un bus CSI est capable de transmettre des informations à un débit extrêmement élevé, et il transporte exclusivement des données graphiques (pixel data).

(g) : Câble RCA Vidéo :

Si nous voulons avoir du son, il faut utiliser un câble RCA du son reliant la sortie audio du Raspberry Pi à l'entrée audio de votre écran.

(h) : Câbles de connexion

Ils sont utilisés pour relier les composants électroniques à la carte « Raspberry Pi ». La figure 5 montre un exemple d'utilisation des câbles de connexion.

Figure 5: utilisation des câbles de connexion

(i) : Câble micro USB

Il permet d'alimenter le Raspberry Pi en 5 volts à partir d'un port USB d'un ordinateur.

(j) : dongle wifi

Pour connecter le Raspberry pi à internet, il existe deux moyens de : soit nous utilisons un câble Ethernet, soit une clé Wifi. Mais il faut savoir que toutes les clés Wifi ne sont pas compatibles avec le Raspberry pi.

(l) : Raspberry Pi Breakout Cable

Il sert à remplacer les câbles de connexion par un Breakout Cable. Il joue la même fonction mais avec plus de souplesse car il facilite la connexion ainsi qu'il protège les pins GPIO du Raspberry Pi des dangers du court-circuit. La figure 6 montre son utilisation.

Figure 6: Utilisation du breakout cable

(l), (m): Boitier de protection pour Raspberry Pi

Comme son nom indique, ces boitiers permettent la protection du Raspberry Pi contre tout type de danger comme la poussière et ils ajoutent au Raspberry Pi un peu d'esthétisme. Les designers ont déjà créé de jolis boîtiers notamment des boitiers sobres, boitiers classiques (en aluminium, plastique), boitiers élégants (plastique, acrylique), boitiers transparents (polypropylène, acrylique) et boitiers en bois.

(n) : Plaque à essaie

C'est un outil formidable pour l'expérimentation que nous avons utilisé tout au long de notre application pour tester nos montages électriques sans faire de soudure.

Annexe 3

I. Préparation de la carte mémoire SD

La première étape commence par télécharger le système d'exploitation, qui est en fait une distribution de Linux qui s'appelle Raspbian **"wheezy"**. Cette distribution est une version modifiée (adaptée pour le Raspberry Pi) de Debian, qui est utilisée sur la grande majorité des serveurs de sites Internet.

Ensuite nous avons téléchargé le logiciel gratuit **''Win32 Disk Imager''** illustré par la figure 1, qui nous permet de copier l'image du Raspbian sur la carte mémoire SD.

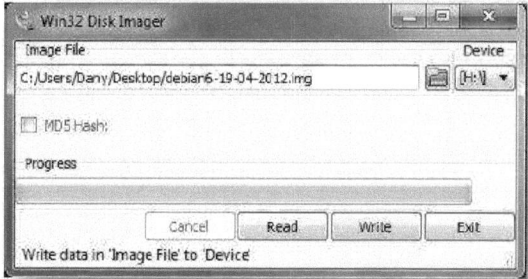

Figure 1 : Win32 Disk Imager

II. Configuration du « Raspberry Pi » lors du premier démarrage

Cette étape consiste à insérer une carte SD contenant l'image Raspbian sur le connecteur du RPi, à brancher le RPi à un écran via un câble HDMI, à un clavier et une souris sur les ports USB, le câble Ethernet au box de notre FAI, et pour finir, brancher l'alimentation sur le secteur. Ainsi le système démarre automatiquement et nous avons obtenu l'interface de la figure 2.

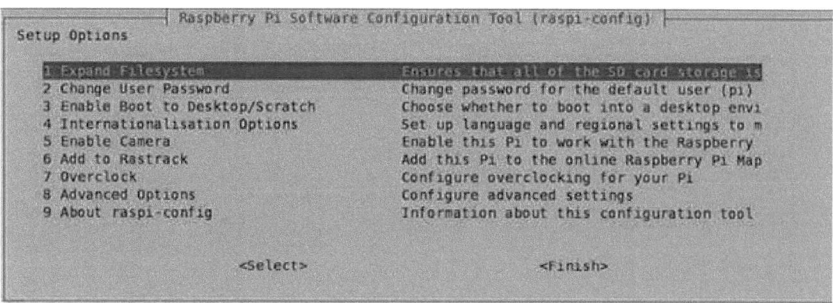

Figure 2 : Ecran de démarrage de « Raspbian »

En suite, en accédant à l'option «**Advanced options**», nous avons choisi d'activer le SSH (**Enable SSH**). SSH est un protocole sécurisé qui grâce à lui nous pouvons nous connecter à notre carte et effectuer ce que nous souhaitons depuis un poste Windows/Max/Linux sans avoir besoin d'un clavier, d'une souris ou même d'un écran de branché, simplement en connectant votre carte au réseau (par exemple, avec un câble Ethernet). La figure 3 permet de montrer comment activer le protocole SSH.

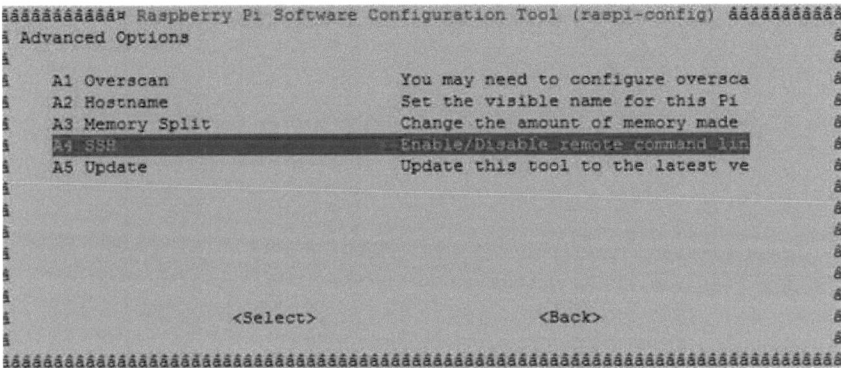

Figure 3: Activer le protocole SSH

L'usage des autres options du l'écran de démarrage du Raspbian sont les suivantes :

- **expand_Filesystem**: permet d'utiliser tout l'espace de la carte SD
- **change_pass** : modifier le mot de passe de l'utilisateur 'pi' (par défaut : raspberry)
- **Overclock** : permet de changer l'heure locale du système
- **Enable boot to Desktop/Scratch** : permet de lancer automatiquement le bureau RPI ou l'invite de commande.

Enfin il faut redémarrer le Raspberry Pi.

III. Installation des packages nécessaire à l'application

Tout d'abord nous avons branché le câble Ethernet sur RPI pour se connecter à l'internet, ensuite nous accédons au RPi en utilisant le logiciel Putty sous windows présenté par la figure 4. Il faut taper l'adresse IP de RPi ou tout simplement cliquer sur raspberrypi et en fin cliquer sur « open» pour ouvrir le shell du RPi.

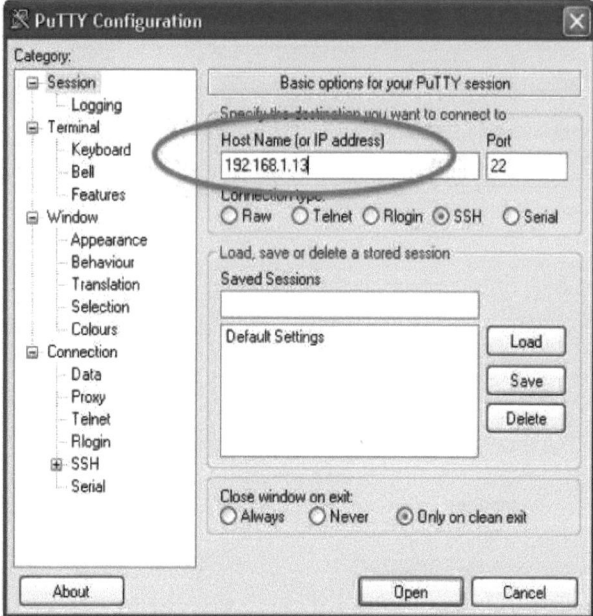

Figure 4: Logiciel « PUTTY »

Lorsque la fenêtre de la figure 5 s'ouvre il faut taper le login : **pi** et le mot de passe : **raspberry**.

Figure 5: Fenêtre de commande shell

➤ Pour installer l'update et l'upgrade pour RPI, il suffit de taper les commandes suivantes sur la fenêtre de la commande shell de la figure 5.

pi@raspberrypi:~$ sudo apt-get update

pi@raspberrypi:~$ sudo apt-get upgrade

➤ Nous pouvons utiliser une clé WIFI pour remplacer l'utilisation du câble Ethernet. Ainsi il faut brancher un dongle wifi sur le port USB Raspberry Pi et s'assurer qu'il est détecté en utilisant la commande shell **lsusb**.

➤ Puis, il faut connecter à internet par le biais Ethernet, donc nous devons installer le firmware en utilisant la commande suivante :

pi@raspberrypi:~$ sudo apt-get install zd1211-firmware

➤ Pour pouvoir connecter à un wifi, nous devons installer wicd-curses comme suit :

pi@raspberrypi:~$ sudo apt-get install wicd-curses

➤ Pour configurer notre connexion WiFi, il faut entrer la commande wicd-curses dans la fenêtre de la commande shell de la figure 5.

pi@raspberrypi:~$ wicd-curses

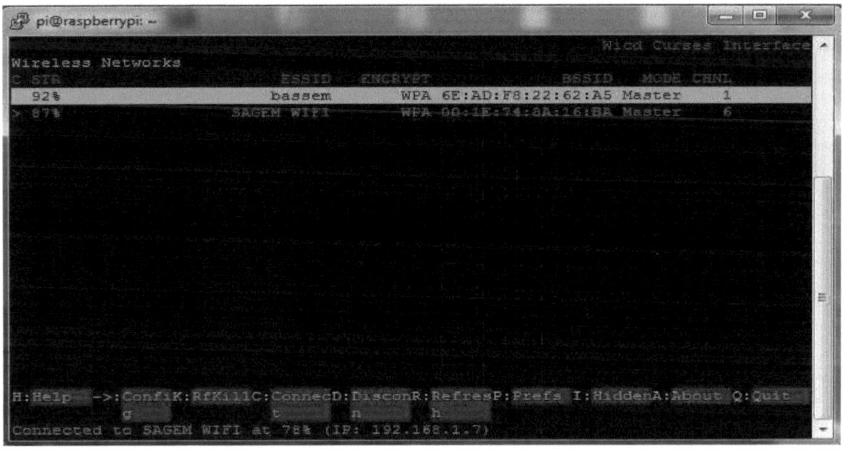

Figure 6: Configuration WIFI

➔ Pour le partage des fichiers de base, nous devons installer et configurer Samba sur un Raspberry Pi. L'utilisation de la commande suivante permet son installation.

pi@raspberrypi:~$ Sudo apt-get install Samba Samba-common-bin

- **Télécommande avec VNC**

Pour voir le bureau de notre Raspberry Pi à distance de manière graphique, nous pouvons installer le logiciel serveur VNC sous windows en utilisant la connexion SSH que nous avons plutôt créé.

VNC (Virtual Network Connection) est un standard pour l'utiliser, nous devons installer un logiciel sur notre Pi. Il y a un certain nombre d'applications de serveur VNC, et celle que nous allons utiliser est appelé "tightvnc".

Donc tout d'abord, nous entrons la commande suivante dans notre terminal SSH:

pi@raspberrypi:~$ sudo apt-get install tightvncserver

Puis, nous serons invités à saisir et confirmer un mot de passe. Il serait logique d'utiliser "raspberry" pour cela, mais notez bien que les mots de passe sont limités à 16 caractères et avec ce mot de passe nous devrons connecter au Raspberry Pi à distance.

A partir de maintenant, la seule commande que nous devons taper dans la fenêtre de notre SSH pour démarrer le serveur VNC sera:

pi@raspberrypi:~$ vncserver : 1

Le serveur VNC est maintenant en cours d'exécution. Ensuite une fenêtre de VNCViewer sera lancée pour effectuer la configuration d'un client VNC pour se connecter à la Pi. La figure 7 est l'interface graphique de VNCViewer.

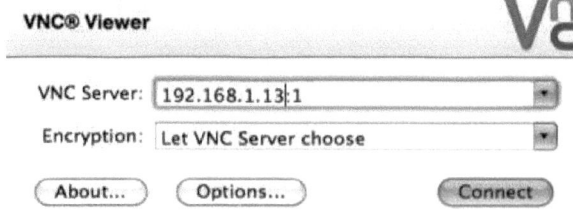

Figure 7: VNCViewer

Il faut entrer l'adresse IP de notre Raspberry Pi, ajouter : 1 (pour indiquer le port) et cliquer sur "Connecter". Nous obtiendrons alors un message d'avertissement comme le montre la figure 8. Il suffit de cliquer sur «Continuer».

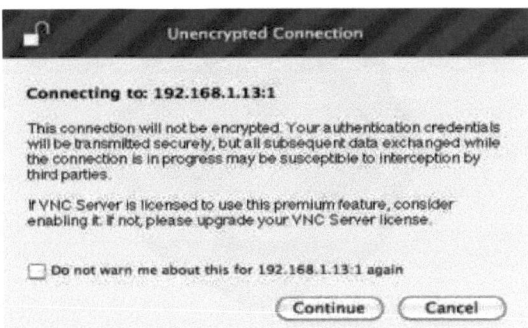

Figure 8: Message d'avertissement

En suite, la fenêtre de la figure 9 va apparaître pour faire l'authentification en entrant le mot de passe choisi ("raspberry").

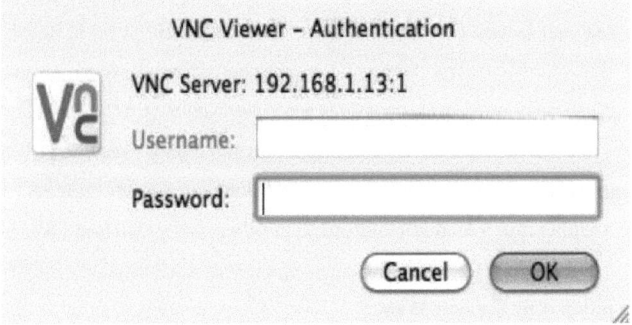

Figure 9: Fenêtre d'authentification à VNC

Enfin, la fenêtre VNC se doit apparaître (voir figure 10), nous serons en mesure d'utiliser la souris et faire tout comme si nous utilisions la souris et moniteur de clavier de la RPi, sauf par un autre ordinateur. Comme avec SSH, notre RPi pourrait être situé n'importe où, tant qu'il est connecté à notre réseau.

Figure 10 : Bureau de RPi à l'aide de VNC

> **Installation WiringPi**

C'est une bibliothèque fantastique qui donne aux développeurs un ensemble commun de fonctions de l'API sur la base de l'interaction avec les broches GPIO sur le Raspberry Pi d'une manière qui sera immédiatement familier à quiconque qui a utilisé un Arduino avant. Ce paquet est idéal même pour un utilisateur de la première fois.

Pour installer cette bibliothèque, nous devons taper les commandes suivantes.

    pi @ raspberrypi ~ $ ~ pi @ raspberrypi $ git clone git:// git.drogon.net / wiringPi

    pi @ raspberrypi ~ $ cd wiringPi pi @ raspberrypi ~ / wiringPi $. / build

> **Installation d'un serveur Web**

Dans notre Raspberry Pi nous avons besoin d'un serveur web, donc nous avons choisi apache2 qui sera notre serveur Web. Pour l'installer nous devons taper les commandes suivantes.

    pi @ raspberrypi ~ $ sudo apt-get install apache2

Ensuite, nous devrions installer un serveur de base de données (mysql-server), donc il suffit d'exécuter la commande ci-dessous sachant que nous serons invité à entrer un mot de passe root MySQL,

    pi @ raspberrypi ~ $ sudo apt-get install mysql-server

Pour ouvrir notre Raspberry Pi à un grand monde de grands scripts gratuits qui fonctionnent avec PHP, il faut installer PHP à notre RPi en tapant les commandes suivantes qui permettent de récupérer PHP5 lui-même, de faire communiquer PHP avec des bases de données MySQL et d'installer une collection d'utilitaires pour PHP qui seront nécessaires pour l'accès GPIO.

pi @ raspberrypi ~ $ sudo apt-get install php5

pi @ raspberrypi ~ $ sudo apt-get install php5-mysql

pi @ raspberrypi ~ $ sudo apt-get install php5-dev

> **Installation phpMyAdmin**

Pour télécharger l'archive contenant les fichiers nécessaires pour exécuter phpMyAdmin, nous utilisons la commande (Web Get) wget.

pi @ raspberrypi ~ $ cd / var / www

pi @ raspberrypi / var / www $ sudo wget

http://sourceforge.net/projects/phpmyadmin/files/phpMyAdmin/4.1.2/phpMyAdmin-4.1.2-all-languages. code postal

Ensuite nous utilisons de la commande de décompression pour extraire le fichier-4.1.2-all-languages.zip phpMyAdmin que nous avons téléchargé à l'étape précédente. Enfin nous renommons le dossier décompressé à quelque chose de plus facile à taper dans votre navigateur Web à l'aide de la commande mv.

pi @ raspberrypi / var / www $ sudo unzip phpMyAdmin 4.1.2--tous-languages.zip

pi @ raspberrypi / var / www $ sudo mv phpMyAdmin-4.1.2-all-languages

phpmyadmin

> **Installation du module WiringPi-PHP**

Le module WiringPi-PHP nous permet accéder directement aux broches GPIO depuis un script PHP et de créer des applications qui peuvent se connecter à des services en ligne à l'aide des bibliothèques en PHP et librement accessibles. Pour installer ce module nous tapons les commandes suivantes.

pi @ raspberrypi ~ $ cd ~

pi @ raspberrypi ~ $ git clone - récursif https://github.com/WiringPi/WiringPi-PHP.git

Enfin, nous changeons le répertoire pour le dossier WiringPi-PHP.

pi @ raspberrypi ~ $ cd WiringPi-PHP

pi @ raspberrypi ~ / WiringPi-PHP $. / build.sh

pi @ raspberrypi ~ / WiringPi-PHP $ sudo. / install.sh

➢ **Utilitaire Web GPIO**

WiringPi-PHP est livré avec un fichier de test simple, mais vraiment pou utiliser les broches GPIO à partir d'un navigateur Web, nous avons besoin de quelques choses avec plus d'options et de contrôle. Ci-dessous est une interface simple, nous avons créé avec toutes les ressources à l'intérieur du fichier index.php unique pour plus de simplicité. Il suffit d'utiliser la commande wget pour télécharger la dernière version du référentiel GitHub.

pi @ raspberrypi ~ $ sudo mkdir / var / www / gpio
pi @ raspberrypi ~ $ cd / var / www / gpio
pi @ raspberrypi / var / www / gpio $ sudo wget
https://raw.github.com/WarriorRocker/wiringpi -web-utility/master/index.php

➢ **Installation QT creator**

Les commandes suivantes permettent l'installation du Qt Creator (voir figure 11):

sudo apt-get install qt4-dev-tools
sudo apt-get install Qtcreator
sudo apt-get install gcc
sudo apt-get install xterm
sudo apt-get install git-core
sudo apt-get install subversion

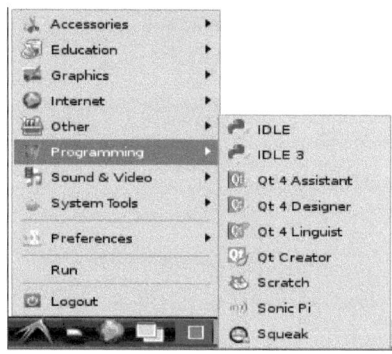

Figure 11: « Qt Creator » installé dans le « Raspberry Pi »

Oui, je veux morebooks!

I want morebooks!

Buy your books fast and straightforward online - at one of the world's fastest growing online book stores! Environmentally sound due to Print-on-Demand technologies.

Buy your books online at
www.get-morebooks.com

Achetez vos livres en ligne, vite et bien, sur l'une des librairies en ligne les plus performantes au monde!
En protégeant nos ressources et notre environnement grâce à l'impression à la demande.

La librairie en ligne pour acheter plus vite
www.morebooks.fr

OmniScriptum Marketing DEU GmbH
Heinrich-Böcking-Str. 6-8
D - 66121 Saarbrücken
Telefax: +49 681 93 81 567-9

info@omniscriptum.com
www.omniscriptum.com

Printed by Books on Demand GmbH, Norderstedt / Germany